多目标决策及大数据预警在混凝土温控施工中的研究与应用

孙明明 李国兴 王桂玉 王 超 著

中国建筑工业出版社

图书在版编目（CIP）数据

多目标决策及大数据预警在混凝土温控施工中的研究与应用 / 孙明明等著. -- 北京：中国建筑工业出版社，2025.3. -- ISBN 978-7-112-30982-5

Ⅰ.TU755

中国国家版本馆CIP数据核字第2025T8Q738号

《多目标决策及大数据预警在混凝土温控施工中的研究与应用》全书深入探讨了多目标决策理论和大数据预警技术在混凝土温控施工领域的创新应用。本书考虑大体积混凝土温控施工的经济、时间、技术、效果、风险、环境等影响因素，构建了多目标综合评价体系，并结合层次分析和模糊数学理论，采用定性＋定量的评价方案，应用方案初选、方案优选和方案确定的递进式评价模式，实现温控方案的合理确定。基于机器学习算法，应用CART模型构建了大体积混凝土的温度预测预警模型，实现对施工阶段大体积混凝土温度点的准确预测。结合系统硬件与软件平台设计，构建了层级结构的混凝土温控智能分析系统，融合温度采集、数据存储、大数据混合编程、智能分析预警、动态温控等技术，开发形成了大体积混凝土智能温控系统，实现了温控施工中的温度采集监测、数据存储、数据分析、数据预警、智能温控调整等功能。

责任编辑：朱晓瑜
责任校对：李美娜

多目标决策及大数据预警在混凝土温控施工中的研究与应用
孙明明　李国兴　王桂玉　王　超　著
*
中国建筑工业出版社出版、发行（北京海淀三里河路9号）
各地新华书店、建筑书店经销
北京红光制版公司制版
北京中科印刷有限公司印刷
*

开本：787毫米×1092毫米　1/16　印张：10½　字数：180千字
2025年5月第一版　2025年5月第一次印刷
定价：48.00元
ISBN 978-7-112-30982-5
（44037）

版权所有　翻印必究
如有内容及印装质量问题，请与本社读者服务中心联系
电话：（010）58337283　QQ：2885381756
（地址：北京海淀三里河路9号中国建筑工业出版社604室　邮政编码：100037）

前　言

在人类文明的演进历程中，建筑材料的选择与应用始终是推动基础设施建设和社会发展的关键力量。混凝土，自其诞生以来，便以其独特的制造简易性、出色的力学性能以及广泛的适用性，迅速成为现代工程领域不可或缺的基础材料。尤其在1824年波兰特水泥问世之后，混凝土的发展更是迎来了质的飞跃，其研究、应用与推广均达到了前所未有的高度。随着全球经济的蓬勃发展和城市化进程的加速，建筑行业迎来了前所未有的发展机遇，而混凝土凭借其卓越的性能，成为现代工程建筑，特别是大型水利工程的首选材料。

然而，随着工程规模的不断扩大和结构复杂性的日益提升，混凝土施工面临的技术挑战也日益严峻。大体积混凝土，作为水利工程中的关键结构形式，其施工质量和性能直接关系到整个工程的稳定性和安全性。然而，由于大体积混凝土结构的特殊性，如尺寸庞大、导热性能差以及施工约束条件复杂等，使得其在施工过程中极易出现温度裂缝，这不仅影响混凝土结构的外观，更会降低其耐久性，威胁到工程的安全使用。因此，如何有效控制大体积混凝土施工过程中的温度变化，防止温度裂缝的产生，成为工程界亟待解决的重要课题。

为了解决这一难题，国内外学者和工程师们进行了大量的研究和实践，提出了多种温控方法和施工技术。传统的温控方法往往依赖于经验判断和定性分析，缺乏科学性和系统性，难以适应现代工程对高精度、高效率和高可靠性的要求。在此背景下，多目标决策理论和大数据预警技术的引入，为混凝土温控施工提供了新的思路和方法。

多目标决策及大数据预警在混凝土温控施工中的研究与应用

多目标决策理论是一种综合考虑多个目标、多个影响因素和多个备选方案的决策分析方法。它通过建立多目标综合评价体系，结合层次分析和模糊数学等理论，对各个备选方案进行定量和定性的综合评价，从而选出最优或较优的方案。在混凝土温控施工中，多目标决策理论可以充分考虑施工的经济性、时间效率、技术水平、施工效果、风险控制和环境保护等多个方面的影响因素，通过合理确定各影响因素的权重系数，制定出科学、合理、可行的温控施工方案。这种决策方法不仅避免了人为主观判断的偏差，提高了决策的准确性和科学性，而且为施工过程中的动态调整和优化提供了有力的支持。

大数据预警技术作为现代信息技术的重要组成部分，在混凝土温控施工中的应用也日益广泛。通过对施工过程中的温度数据进行实时采集和大数据分析，可以及时发现温度变化的异常情况，预测未来温度的变化趋势，从而为温控施工提供及时、准确的预警信息。这种技术不仅提高了温控施工的效率和精度，而且为施工过程中的风险控制和安全管理提供了有力的保障。特别是在大体积混凝土施工中，由于结构尺寸庞大、温度变化复杂，传统的温度监测方法往往难以满足实际需求。而大数据预警技术则可以通过对海量温度数据的挖掘和分析，实现对温度变化的精确预测和预警，为施工过程中的温度控制提供了有力的技术支持。

基于以上背景，本书旨在全面系统地介绍多目标决策理论和大数据预警技术在混凝土温控施工中的应用方法和实践经验。从多目标决策的基本理论和方法入手，逐步深入到混凝土温控施工的具体应用场景和实践案例。通过理论阐述、案例分析、技术比较和效果评估等多种方式，本书详细阐述了多目标决策和大数据预警技术在混凝土温控施工中的重要作用和价值。

在内容编排上，本书注重理论与实践相结合，既介绍了多目标决策和大数据预警技术的基本原理和方法，又结合实际工程案例，详细分析了这些技术在混凝土温控施工中的具体应用过程和效果。本书还注重技术创新和前瞻性研究，探讨了未来混凝土温控施工的发展趋势和研究方向，为相关领域的学者和工程师提供了有益的参考和借鉴。

目 录

1 绪论 ... 001

1.1 研究背景 ... 001
1.2 大体积混凝土的应用特点 ... 002
1.2.1 大体积混凝土定义 ... 002
1.2.2 大体积混凝土特点 ... 002
1.2.3 温度裂缝产生原因 ... 003
1.2.4 温度裂缝特点及危害 ... 004
1.3 研究必要性及可行性分析 ... 004
1.3.1 必要性分析 ... 004
1.3.2 可行性分析 ... 005
1.4 国内外研究现状 ... 005
1.4.1 国外研究现状 ... 005
1.4.2 国内研究现状 ... 007
1.4.3 研究现状分析 ... 009
1.5 主要研究内容及创新点 ... 009
1.5.1 研究思路 ... 009
1.5.2 主要研究内容 ... 010
1.5.3 研究创新点 ... 011
1.6 研究技术路线 ... 011

1.7 本章小结 ………………………………………………………………… 013

2 大体积混凝土温控理论及仿真技术　　014

2.1 温度场基本原理 ………………………………………………………… 014
 2.1.1 热传导基本原理 ………………………………………………… 014
 2.1.2 初始条件和边界条件 …………………………………………… 015
 2.1.3 混凝土边界条件的近似处理 …………………………………… 017
2.2 混凝土温度应力基本原理 ……………………………………………… 018
2.3 混凝土热力学参数 ……………………………………………………… 019
 2.3.1 混凝土热学参数 ………………………………………………… 019
 2.3.2 混凝土力学参数 ………………………………………………… 020
2.4 温度场求解方法介绍 …………………………………………………… 022
 2.4.1 有限差分法 ……………………………………………………… 022
 2.4.2 有限单元法 ……………………………………………………… 025
2.5 应力场求解方法介绍 …………………………………………………… 028
 2.5.1 弹性温度应力计算 ……………………………………………… 028
 2.5.2 徐变温度应力计算 ……………………………………………… 031
2.6 仿真计算技术介绍 ……………………………………………………… 033
 2.6.1 MATLAB 仿真技术 …………………………………………… 033
 2.6.2 ANSYS 仿真技术 ……………………………………………… 033
2.7 本章小结 ………………………………………………………………… 038

3 基于多目标的温控方案评价模型　　039

3.1 温控方案评价特点 ……………………………………………………… 039
3.2 温控方案评价内容 ……………………………………………………… 040
3.3 基于多目标的温控方案评价体系构建 ………………………………… 040
 3.3.1 构建原则 ………………………………………………………… 040
 3.3.2 评价指标确定 …………………………………………………… 041
 3.3.3 评价体系构建 …………………………………………………… 042
3.4 多目标评价模型 ………………………………………………………… 042
 3.4.1 评价方法选取 …………………………………………………… 042

目录

  3.4.2 层次分析模型 …………………………………………… 043
  3.4.3 模糊评价模型 …………………………………………… 044
  3.4.4 多目标评价模型 ………………………………………… 045
3.5 本章小结 ………………………………………………………… 050

4 多目标温控方案评价实例   051

4.1 工程实例 ………………………………………………………… 051
  4.1.1 工程概况 ………………………………………………… 051
  4.1.2 环境条件 ………………………………………………… 052
  4.1.3 工程特点 ………………………………………………… 052
4.2 温控要求 ………………………………………………………… 052
4.3 温控方案初选 …………………………………………………… 053
  4.3.1 常用温控方案 …………………………………………… 053
  4.3.2 温控方案初选 …………………………………………… 054
4.4 温控方案优选 …………………………………………………… 055
  4.4.1 温控方案特征 …………………………………………… 055
  4.4.2 特征值获取 ……………………………………………… 055
  4.4.3 基于机器学习的异常值处理 …………………………… 056
  4.4.4 权重系数消噪 …………………………………………… 059
  4.4.5 评价指标确定 …………………………………………… 060
  4.4.6 优选方案评价 …………………………………………… 063
  4.4.7 优选方案确定 …………………………………………… 072
4.5 温控方案确定 …………………………………………………… 072
  4.5.1 实例对象选取 …………………………………………… 072
  4.5.2 温控方案比选 …………………………………………… 073
  4.5.3 方案温控仿真 …………………………………………… 074
  4.5.4 评价指标计算 …………………………………………… 083
  4.5.5 评价模型选择 …………………………………………… 088
  4.5.6 评价指标确定 …………………………………………… 088
  4.5.7 方案评价 ………………………………………………… 089

  4.5.8 方案确定 ………………………………………………………… 091
4.6 本章小结 …………………………………………………………………… 092

5 基于大数据技术的温度预警分析　　093

5.1 大数据分析技术 …………………………………………………………… 093
5.2 温度预警的大数据分析思路 ……………………………………………… 094
  5.2.1 大数据分析平台框架 ……………………………………………… 094
  5.2.2 大数据分析平台构建 ……………………………………………… 094
5.3 温度数据的清洗处理 ……………………………………………………… 095
  5.3.1 异常值处理 ………………………………………………………… 095
  5.3.2 缺失值填充 ………………………………………………………… 098
  5.3.3 移动平均处理 ……………………………………………………… 099
5.4 基于大数据的温度预警模型 ……………………………………………… 099
  5.4.1 预测模型选择 ……………………………………………………… 100
  5.4.2 CART 模型生成 …………………………………………………… 100
  5.4.3 CART 模型剪枝 …………………………………………………… 102
  5.4.4 温度预警分析 ……………………………………………………… 103
5.5 实例分析 …………………………………………………………………… 103
  5.5.1 实例选择 …………………………………………………………… 103
  5.5.2 施工概况 …………………………………………………………… 103
  5.5.3 温度数据采集 ……………………………………………………… 106
  5.5.4 分析工具选择 ……………………………………………………… 107
  5.5.5 异常值处理 ………………………………………………………… 109
  5.5.6 缺失值填充 ………………………………………………………… 110
  5.5.7 移动平均处理 ……………………………………………………… 113
  5.5.8 大数据预测模型构建 ……………………………………………… 114
  5.5.9 预测模型验证 ……………………………………………………… 115
5.6 本章小结 …………………………………………………………………… 120

6 基于大数据的混凝土智能温控系统设计　　121

6.1 智能温控系统建设内容 …………………………………………………… 121

	6.1.1 系统结构设计	121
	6.1.2 系统建设内容	122
6.2	智能温控系统设计关键技术	122
	6.2.1 硬件设备选择	122
	6.2.2 数据存储调取	123
	6.2.3 大数据混合编程技术	123
	6.2.4 智能分析预警技术	124
	6.2.5 动态温控技术	124
6.3	数据感知层设计	125
	6.3.1 温度传感器选择	125
	6.3.2 数字温度传感器 DS18B20 特性	126
6.4	数据采集层设计	127
	6.4.1 DS18B20 多通道温度采集器特性	127
	6.4.2 温度采集通信协议	128
6.5	数据分析层设计	132
	6.5.1 功能模块设计	132
	6.5.2 开发环境与工具	133
	6.5.3 系统软件开发设计	134
	6.5.4 在线监测功能	135
	6.5.5 温度分析功能	135
	6.5.6 温控预警功能	136
	6.5.7 温控策略功能	140
	6.5.8 报警设置功能	140
	6.5.9 历史运行数据功能	141
	6.5.10 系统设置功能	141
	6.5.11 帮助功能	142
6.6	工程应用	142
	6.6.1 系统安装应用	142
	6.6.2 预警策略应用	143
	6.6.3 温度云图应用	145
	6.6.4 动态调整应用	146

　　　　6.6.5 大数据技术应用 ………………………………………… 147
6.7 本章小结 ………………………………………………………… 147

7 结论与展望　　　　　　　　　　　　　　　　　　　　148

7.1 项目创新点 …………………………………………………… 148
7.2 应用及效益分析 ……………………………………………… 149
7.3 展望 …………………………………………………………… 149

参考文献　　　　　　　　　　　　　　　　　　　　　　　151

1 绪 论

1.1 研究背景

混凝土自其出现,就以制造简单、受力性能好而得到广泛应用,尤其是1824年波兰特水泥的发明,更是揭开了近代混凝土发展的序幕,极大地推动了混凝土的研究、发展和应用。随着现代社会经济的快速发展,与之同步的建筑业也得到长足的发展,混凝土以其优越的材料性能,成为现代应用最广泛的工程建筑材料之一。对于水利工程,尤其是大型水利工程而言,混凝土工程由于受力性能好,便于机械化施工,已成为水利工程中最常见的工程材料之一。

随着工程结构日益大型化、复杂化,大体积混凝土也被更多地应用于现代工程建设,尤其是在大型水利工程中,如混凝土坝、大型水闸、泵房等,大体积混凝土都得到了广泛应用。由于结构尺寸大、混凝土导热性能差、施工约束条件等因素,大体积混凝土易在施工过程中出现温度裂缝。温度裂缝的存在不仅影响混凝土结构的外观形象,也会导致混凝土结构耐久性降低,影响结构安全使用。

大体积混凝土是水利工程中重要的结构形式,在我国水利工程的建设中发挥着重要作用[1]。根据《中共中央关于制定国民经济和社会发展第十四个五年规划和2035年远景目标的建议》,国家将继续统筹推进基础设施建设,构建系统完备、高效实用、智能绿色、安全可靠的现代化基础设施体系,提升水资源优化配置和水旱灾害防御能力[2]。伴随基础设施、水利工程的持续建设,大体积混凝土的应用范围也将更加普遍,而围绕大体积混凝土展开科学研究,提高大体积混凝土的施工质量和施工效率,具有重要的工程意义。

1.2 大体积混凝土的应用特点

1.2.1 大体积混凝土定义

大体积混凝土尽管应用广泛，但是对其定义尚未统一。美国混凝土学会（ACI）规定："对于浇筑混凝土来说，当其体积足够大，以至于必须控制水化热的产生和混凝土自身体积的变化以减少开裂，在这种情况下就可称之为大体积混凝土。"日本建筑学会指出："结构断面最小尺寸是80cm，同时水化热引起的混凝土内最高温度与外界气温之差预计超过25℃的混凝土，称之为大体积混凝土。"我国《大体积混凝土施工标准》GB 50496—2018对大体积混凝土的规定：混凝土结构物实体最小几何尺寸不小于1m的大体量混凝土，或预计会因混凝土中胶凝材料水化引起的温度变化和收缩而导致有害裂缝产生的混凝土[3-4]。

1.2.2 大体积混凝土特点

大体积混凝土由于其结构的特殊性，一般具有下列重要特点[3]：

（1）混凝土是脆性材料，抗拉强度只有抗压强度的1/10左右；拉伸变形能力很小。

（2）大体积混凝土结构断面尺寸比较大，混凝土浇筑后，由于水泥水化热，内部温度急剧上升，此时混凝土弹性模量很小，徐变较大，升温引起的压应力并不大，但在日后温度逐渐降低时，弹性模量较大，徐变较小，在一定的约束条件下会产生相当大的拉应力。

（3）大体积混凝土通常是暴露在外面的，表面和空气或水接触，一年四季中气温和水温的变化在大体积混凝土结构中会引起相当大的拉应力。

（4）大体积混凝土结构往往是不配筋的。在钢筋混凝土结构中，拉应力主要由钢筋承担，混凝土只承受压应力。在大体积混凝土结构内，由于没有钢筋，如果出现拉应力，就需要依靠混凝土本身来承受。

基于上述特点，在大体积混凝土结构设计中，通常要求不出现拉应力或者出现很小的拉应力。但是，在混凝土结构施工和运行过程中，由于温度的变化往往会产生很大的拉应力，因此，大体积混凝土结构中通常会出现裂缝，严重的甚至会威胁结构的安全和正常运行。

1.2.3 温度裂缝产生原因

大体积混凝土一旦受力不满足其强度要求，会产生温度裂缝，大体积混凝土温度裂缝对其施工不利，对其进行温度控制即有效控制其裂缝的产生尤为重要。大体积混凝土温度裂缝是由施工期或运行期的温度变形产生的，混凝土结构由于内外温差而产生应力和应变，而结构的内、外约束又阻止这种应力、应变的发展，故一旦结构的应力、应变超过极限值就会产生裂缝[5-6]。因此，要控制混凝土不出现裂缝，就要控制其最大拉应力或最大拉应变不超过相应混凝土的极限值。总结影响混凝土产生温度裂缝的主要因素[6]，主要有以下几种：

(1) 水泥水化热

水泥是混凝土组分的重要材料，当其与水发生化学反应时，会产生热量，由于混凝土为热的不良导体，致使在混凝土凝结硬化过程中，其内部温度升高较快，而边界面由于与空气接触，散热较快，从而造成混凝土结构的内外产生较大温差和温度场的不均匀分布，内部膨胀速度高于外部，从而产生压应力，相反表面则产生拉应力，当拉应力值超过混凝土的抗拉强度时，就会产生温度裂缝，危害结构的安全运行。

(2) 环境温度、浇筑温度影响

混凝土的浇筑温度即其温度场的初始温度，过高的浇筑温度会由于混凝土较差的散热能力导致热量不能及时外散，叠加上水泥的水化反应热，会使结构产生较大的温差，不利于混凝土的温控防裂。

在混凝土浇筑和运行期，外界气温的变化会影响混凝土表层的温度分布，尤其是在气温骤升骤降的过程中，可能导致产生较大的温度应力，当应力值大于混凝土的抗拉强度时，也会导致温度裂缝的出现。

(3) 约束条件的影响

混凝土结构在施工和运行期间，由于受到自身和外界的约束而不能自由变形，从而导致应力的产生。混凝土由于温度的不均匀产生温度变形时，会因自身和外界约束而产生应力，当应力值达到其抗拉强度时，会伴随裂缝的产生。

(4) 混凝土收缩的影响

混凝土在凝结硬化过程中，水分蒸发，从而导致其收缩变形。当收缩受到内外约束的影响，则会产生收缩应力。在结构运行期，由于外界湿度的变化，导致混凝土表层湿度发生变化，同样也会产生收缩应力，当收缩应力或叠加其他应力超过混凝土抗拉强度时，结构也会出现裂缝。

（5）其他影响

混凝土的温度裂缝是复杂应力状态下的混凝土状态，结构体积的大小、混凝土徐变等因素也会影响其温度裂缝的产生和发展[1]。

1.2.4 温度裂缝特点及危害

混凝土温度裂缝的产生与结构材料的特性有重要关系，若材料韧性较好、散热作用较强，则能降低其内部温度场分布的不均匀性，更好地适应变形，有效避免温度裂缝的产生。温度裂缝具有很强的时效性，其温度变化、弹性模量是随时间缓慢变化的量，而混凝土又具有徐变特性，其相互叠加使得混凝土温度应力为随时间变化的变量，且具有松弛现象，当其由于松弛降低，而小于混凝土的抗拉强度时，则不会出现温度裂缝。

混凝土由于温度分布不均匀而产生的温度裂缝，若叠加其他的有害因素，则可能产生深层或贯通裂缝，严重影响结构的安全运行。对于大体积混凝土工程，特别是水利工程中与水接触部位，裂缝的产生会导致结构的防渗、耐久性大为降低，严重的甚至危害结构强度和稳定。因此，对大体积混凝土工程，应严格做好温度控制与裂缝控制，保证其结构安全运行。

1.3 研究必要性及可行性分析

1.3.1 必要性分析

大体积混凝土作为现代工程结构的重要形式，在工程中应用广泛，对其进行系统科学研究，保证其施工质量，提高施工效率，具有重要的实际工程意义。大体积混凝土结构尺寸较大，边界条件多变，其温度变化和应力变化过程复杂，浇筑和养护过程中涉及的工艺和因素较多，现有的大体积混凝土温控施工多依据经验进行制定，或提前采用仿真计算或温控计算进行方案演算，而对大体积混凝土施工中的多因素、复杂条件多采用简化处理，导致温控方案的制定与执行存在一定的优化空间。

大体积混凝土温控方案多在施工前制定，其在施工过程中多依靠温度采集装置进行采集，而对采集的数据缺乏必要的分析和预测，其动态控制的效果有限；大体积混凝土施工涉及时间因素、经济因素、施工效果、施工技术难易程度等多种因素，是一个相对复杂的多因素系统,现有的温控施工方案多依据经验进行制定,缺乏科学合理指导。

对大体积混凝土施工进行系统科学研究,应用大数据智能分析和多目标决策等技术,可以有效提高大体积混凝土施工的合理性和科学性,从而为大体积混凝土温控方案的制定和实施提供指导。

1.3.2 可行性分析

大体积混凝土温度控制的研究起步较早,通过大量的工程应用实践和科学理论研究,已经形成了相对成熟的大体积混凝土温度控制的研究方法,并取得了一定的工程应用效果,大体积混凝土的温度控制理论基础已经相当完备,从而为大体积混凝土温度控制的深层研究提供了必要条件。

随着现代科学技术,尤其是优化技术、大数据技术、计算机应用科学的不断发展,为人们提供了解决传统问题的新思维和新方法。通过大量的科学研究和实际应用,这些新技术在工业控制、天气预报、人工智能等方面取得了较好的应用效果[8-13],也为其他行业的新技术应用提供了基础。

借助于计算机、大数据、人工智能分析技术,可以为大体积混凝土的温度预测、目标决策、动态施工等提供科学分析手段,从而为大体积混凝土的智慧施工提供技术支撑。

1.4 国内外研究现状

1.4.1 国外研究现状

有关大体积混凝土温度控制(简称"温控")防裂的研究起步较早,尤其是随着大型工程的开工建设,大体积混凝土施工过程中的温控越来越得到人们重视。1933 年,美国开始修建世界上第一座高于 200m 的混凝土坝——胡佛坝(Hoover Dam,221m),在修建过程中,人们对大体积混凝土进行了全面研究,并在全球内首次采取温控措施,主要包括横缝分布均为 15m,采用低热水泥,浇筑层厚 1.5m,并限制间歇期、预埋冷却水管等,结果表明这些温控防裂措施是比较成功的[14]。到 20 世纪 60 年代初,美国提出了新颖的温控方法,为了降低混凝土浇筑温度采用了低热水泥并加以预冷的方式,同时在混凝土结构中嵌入冷却水管对其进行通水冷却,以减少混凝土内部温升,还通过降低混凝土中的水泥比例、延长新浇混凝土的固化时间等方式来减少温度裂缝，逐渐形成了比较固定的设计、施工模式，由于采取了这些温控措施，美国在之后建造的混凝土坝都取得了很好的预期效果[15]。

苏联在西伯利亚和中亚地区建造了一系列的混凝土坝，由于当地气候条件恶劣，年平均气温为 −3～−2℃，冬季最低气温为 −50～−40℃，所以温控防裂问题更为突出。尽管进行了温控设计，并采用错缝（布赫塔尔明坝）、直缝柱状分块（布拉茨克坝）、薄层长条浇筑（克拉斯诺雅尔斯克坝）及水管冷却、骨料预冷、表面保温等措施，但坝内裂缝很多，效果很差；一直到建造托克托古尔重力坝（215m 高）时，利用自动上升帐篷创造人工气候，冬季保温，夏季遮阳，自始至终在帐篷内浇筑混凝土，抵御外界自然因素侵袭，才算解决了实际问题，这就是所谓的"托克托古尔施工法"[3]。

随着计算机技术的出现，尤其是有限元方法的提出，大体积混凝土温控防裂也取得了重要进展。1968 年美国加州大学的威尔逊（E. L. Wilson）教授[16]最早把有限元时程分析方法引入混凝土坝的温度应力分析，并为美国陆军工程师团研制出可模拟大体积混凝土结构分期施工温度场的二维有限元程序 DOT - DICE，通过对德沃歇克坝（Dworkshak）大体积混凝土温度场进行模拟，取得了较好的效果；Rupert Springenschmid[17]系统对早龄期混凝土中温度及应力场问题进行阐述，并对温度收缩裂缝作了具体说明；1990 年，Enrique Mirambell 等[18]对混凝土箱梁桥的截面几何形状进行了热分析，通过建立二维有限差分分析模型，取得了较好的分析效果；1992 年，Barrett P. K. 等[19]创造性地把开裂模型应用到三维温度应力计算分析中，限于当时的条件，他们的计算带有尝试性质；1994 年，Mats Emborg 和 Stig Bernander[20]对早期混凝土的热应力和热裂缝做了较多的实验研究；1999 年，Cervera[21]建立了一种适用于模拟早期混凝土性态的热学—化学—力学模型，可以模拟混凝土的水化、养护、破坏和徐变过程；2001 年 Y. Wu 等[22]分析了大体积混凝土施工阶段弹性模量和徐变随时间、温度的变化规律，且研究了其在有限元方法中的实现，并进行了相关的验证；2004 年，Yunus Ballim[23]介绍了一种有限差分热模型的开发和应用，它可以预测大体积混凝土构件随时间变化的温度分布，即使用带有热探头的混凝土探测仪器对混凝土进行结构分析，根据模型与实体结构的对比，结果表明，该模型预测范围的误差小于 2℃，且能预测到任意时刻混凝土结构的内部温度；2005 年，Lucas Jean - Michel 等[24]收集和分析了诺曼底大桥尤其是中部箱梁的温度，重点评估了其跨中位置的极端平均温度，从气象条件、温度场以及太阳辐射角度对结构整体进行评估,结果显示在不同情况下,该大桥的箱梁由于具有较好的承载能力,混凝土性能完好;2007 年,Renauld M. L. 等[25]对测试固件的弹塑性以及应力采用有限元法进行了分析,取得了较好的分析结果;2008 年,Denzil Zreiki 等[26]对大体积混凝土结构温度裂缝的产生、发展与温度应力之间的关系进行了研究,系统分析了大体积混凝土裂缝开展与其他内部作用的关系;2014 年,Lawrence A. M. 等[27]采用实验法和有限单元法分析了含有不同辅助胶凝材料的混凝土早期强度以及开裂的影响。

1.4.2 国内研究现状

我国关于大体积混凝土温控防裂的研究起步较晚,但在 20 世纪 50 年代以后,随着大型水利水电工程的开展,我国对大体积混凝土结构的温度应力和温度控制问题也作了大量的研究,取得了重要成就。以朱伯芳院士、潘家铮院士等为代表的科技工作者,结合工程实践,提出了水工大体积混凝土结构温度控制和设计的整套理论,解决了重力坝和混凝土浇筑块的温度应力计算,拱坝的温度荷载、水泥水化热的绝热温升的计算,大体积混凝土结构表面温度应力、碾压混凝土重力坝及碾压混凝土拱坝的温度应力计算与温度控制方法等一系列问题。

1972 年,朱伯芳与宋敬廷[28]合作编制了我国第一个瞬态温度场有限元程序和第一个混凝土温度应力有限元程序,把有限单元法运用于大体积混凝土结构的温度场和应力场的计算分析,在乌江渡、三门峡改建工程中进行了大量实际计算,取得了较好结果;1975 年,许发华[29]对葛洲坝一期采取温度控制和适当的结构措施来保证大体积混凝土不会开裂,如:采用低温水泥、降低混凝土的入仓温度、加冰及加制冷水拌和混凝土;结构上采取错缝浇筑等手段。通过对混凝土的温控管理,试验表明在有效的温度控制下混凝土的开裂现象明显减少,自身承载能力大幅提高。

1993 年,清华大学马杰[30]编制了大体积混凝土温度和应力的边界元法程序,并成功计算了东风拱坝施工期混凝土温度场;1994 年,四川大学曾兼权等[31]用基岩的各向异性热学参数来分析混凝土基础块的温度徐变应力;1995 年,天津大学崔亚强[32]结合实际工程研究了大体积混凝土温度场机理,采用数值分析方法求得了一维至多维温度场的有限差分方程,并开发了交互式大体积混凝土温度场模拟分析及裂缝控制的软件系统;1997 年,清华大学刘光廷等[33]将断裂力学的研究成果融入功能强大的仿真程序中,应用"人工短缝"成功地解决了溪柄碾压混凝土薄拱坝两岸的温度拉应力问题；2001 年，天津勘测设计研究院王小青等[34]对泰国某水闸闸墩浇筑过程进行模拟计算，证实了在采取一定温控措施的前提下，可对闸墩进行一次性浇筑，以缩短工期，取得了较好的工程效益；2002 年，西安理工大学李九红等[35]考虑混凝土各物理力学参数随龄期变化对墩体温度应力的影响，运用三维有限元浮动网格法对水电站闸墩施工期的温度场和应力场进行仿真分析；2002 年，水利部淮河水利委员会曹为民等[36]运用非稳定温度场和徐变应力场计算程序对裂缝产生的原因进行了探讨；2006 年，河海大学陈长华[37]运用有限元分析软件研究了温度构造钢筋对混凝土的限裂作用；2007 年，浙江大学严淑敏[38]提出大体积混凝土温度裂缝控制的新方法，通过在混凝土基础底板下设置钢板来控制底板裂缝；2009 年，长安大学秦煜[39]研究了如何确定混凝土的浇筑温度及温度徐变应力，从而实现对混凝土连续箱梁桥的温度控制；2010 年，合肥工业大学赵雯[40]研究了混凝土裂缝与原材料、配合比、施工工艺等方面的关系；2014 年，郑州大学邓旭[41]采用差分算法对大体积混凝土的闸底板浇筑进行了仿真计算，实现了差分编程的 MATLAB 软件仿真；2019 年，长安大学王博[42]以承台为研究对象，系统研究了承台工程下大体积混凝土水化热效应以及对应的温控措施。

近年来，随着智能数据监控设备的大量使用，大体积混凝土的温控防裂也由传统的理论仿真计算向智能化转变。2007 年，朱伯芳院士[43]首先提出了数字监控的理念，该理念提出将仪器监测与数字仿真相结合，解决了长期以来大坝施工期工作性态仪器监测与数字仿真相脱离的问题；2012 年，张国新等[44]对数字监控存在的管理不闭环、调控不智能等问题，提出了智能监控的理念；2013 年，林鹏等[45]通过在大体积混凝土中设置温度传感器，实现温度数据采集，并依据采集数据自动控制通水流量，实现智能温控；2015 年，杜小凯等[46]对大体积混凝土防裂动态智能温控系统进行开发设计，实现了温控资料的自动搜集分析、数据统计分析，利用仿真计算实现开裂风险的自动预警报警；2016 年，李进洲等[47]对沪通长江大桥承台大体积混凝土的温度进行了监测，并依据监测数据进行动态养护；2018 年，李松辉等[48]提出了利用大坝混凝土理想温度控制曲线模型，建立基于实时监测数据的混凝土温控效果评价模型，并基于当天实测温度资料，预测未来温度变化，并给出预警判断；2020 年，王新刚等[49]基于温度监控数据，研发了大体积混凝土智能温控系统，并利用监测数据实现通水的调整；2020 年，何熊伟[50]提出对基础大体积混凝土温度进行动态监测，并依据监测数据，与预设值进行比较，提供调整措施；2021

年，吕桂军等[51]对白鹤滩水电站大坝混凝土智能温控系统进行了设计，确定了温度控制指标，针对采集数据进行分析，依据分析结果进行智能调整，但并未给出具体实现方式和手段。

1.4.3 研究现状分析

通过对大体积混凝土温控防裂进行国内外研究分析可知，目前针对大体积混凝土的施工、计算和仿真均形成了相对系统的研究体系，取得了相对较好的应用效果，尤其是智能温控技术的应用为大体积混凝土的温控施工提供了新的应用方向。但现阶段大体积混凝土温控防裂还存在如下问题：

（1）大体积混凝土温控防裂多侧重于对不同施工方案温控变化过程、温控仿真计算等方法，对于温控方案涉及的经济因素、工期因素、施工难易程度等考虑较少；

（2）对大体积混凝土温度场应力场的变化过程以及预测分析，多采用理论分析或仿真计算方法，或依靠实测数据进行参数反演，其均依据温度场和应力场的物理过程进行分析，由于混凝土施工条件的变化，上述物理过程与理论模型仍存在较大误差，导致其计算结果与实际存在较大偏差；

（3）大体积混凝土的智能温控技术多侧重于数据采集、数据平台建设，其依靠实测数据进行判断，一旦出现异常数据，可通过智能调整（主要调整冷却水流量）或人工调整实现动态温控，而对于未来状态的判断和研究相对较少，其考虑因素主要是混凝土内部因素，对于外界气象条件考虑较少；

（4）对大体积混凝土温控理论层面研究较多，对于如何应用上述理论研究成果，形成温控施工可用的系统研究相对较少。

1.5 主要研究内容及创新点

1.5.1 研究思路

根据温控目前存在的问题，在结合研究内容和研究方向的基础上，确定本书研究的主要思路如下：

传统温控施工在方案制定时，通过仿真设计，确定相应方案措施，其在温控方案制定时，未考虑施工的经济、工期等因素，仿真具有不可调整性；温控方案仿真与实际温控施工技术相脱节，仿真结果无法对温控施工过程进行指导，温控施工中多依靠手持温度计记录采集单个温度点，不能形成温度场分析，也无法将采集到的温度与仿真结果、温控要求进行有机结合，实现温度状态的预测预警和动态温控调整。

基于传统温控施工中存在的不可调、方案制定与温控施工脱节的问题，本研究通过引入多目标决策评价、大数据分析预警、智能温控系统实现闭环的温控仿真指导系统。

通过考虑温控施工的经济、工期、效果、技术、风险、环境等因素，构建多目标评价体系，利用温控专家经验，确定温控方案指标权重系数，从宏观层面制定初步温控方案；结合仿真技术，对初步温控方案进行细化设计，对温控方案涉及的评价权重系数进行调整，实现动态可调仿真，并制定符合工程实际的具体温控施工方案；对于具体温控施工方案，在施工过程中，利用布设的温度传感器，实时获取温度点数据，形成温度场分析结果，并与仿真结果进行对比分析，引入大数据技术，对可能出现的温度变化进行预测预警，并对可能出现的温度状态进行评价，以判定增加或减少相应的温控措施，保证既不过度使用温控措施，又能结合原有仿真结果，确保温控效果。

引入大数据分析技术和理念，还可以对施工过程中温控策略调整带来的温控效果进行自学习，形成温控施工全过程的大数据分析体系，既实现闭环仿真与动态调整，又能学习温控措施的效果，形成智能化的、带有专家学习的大数据智能系统，固化优选的温控方案，以便于为后续施工和其他类似工程提供参考。

1.5.2　主要研究内容

本书对大体积混凝土的温控方案确定进行研究，考虑温控施工的经济、时间、技术、效果、风险、环境等影响因素，构建了多目标评价体系，采用定性结合定量的方法，应用层次分析和模糊数学模型，确定合理科学的温控施工方案；基于大数据分析理论和方法，构建大体积混凝土温度的大数据预测预警模型，结合软件开发技术和硬件系统，融合大数据分析技术，开发形成了实用的大体积混凝土智能温控系统。

总结本书的主要内容如下：

（1）考虑大体积混凝土温控施工的经济、时间、技术、效果、风险、环境等影响因素，构建了多目标综合评价体系，并结合层次分析和模糊数学理论，构建了相应的评价模型；采用定性+定量的评价方案，应用方案初选、方案优选和方案确定的递进式评价模式，结合大数据机器学习、权重系数消噪、仿真定量分析等处理方法，实现温控方案的合理确定；

（2）基于大数据分析理论和方法，对施工过程中的温度采集数据进行大数据处理，提高原始数据的质量和有效性，基于机器学习算法，应用CART模型构建了大体积混凝土的温度预测预警模型，实现对施工阶段大体积混凝土温度数据的准确预测；

（3）结合系统硬件与软件平台设计，构建了层级结构的混凝土温控智能分析系统，融合温度采集、数据存储、大数据混合编程、智能分析预警、动态温控等技术，开发形成了大体积混凝土智能温控系统，实现了温控施工中的温度采集监测、数据存储、数据分析、数据预警、智能温控调整等功能。

1.5.3 研究创新点

结合本书的主要内容，总结其主要创新点如下：

（1）综合考虑大体积混凝土施工的多影响因素，结合层次分析和模糊数学理论，构建了温控方案的多目标评价模型，融入机器学习、数据消噪、仿真分析等技术，选用定性+定量的指标确定方法，采用分层递进式的评价模式，合理确定温控施工方案；

（2）基于大数据分析理论和方法，通过异常值处理、缺失值填充、误差值消噪等模型，实现对采集温度数据的清洗处理，基于机器学习算法，引入CART结构模型，构建了温度数据的大数据分析预测预警模型，利用Python编程语言，实现了施工阶段混凝土温度数据的准确预测；

（3）融合硬件集成和软件开发，构建了层级结构的智能温控系统，融合现场温度采集存储、大数据混合编程、智能分析预警和动态温控等技术，开发形成大体积混凝土智能温控系统，实现了对大体积混凝土施工的温度自动监测、存储分析、报警预警和动态调整等功能。

1.6 研究技术路线

本书以上述研究目标为导向，梳理研究的相关理论基础，构建相应的分析模型，确定本书具体的技术路线，如图1.1所示。

对于温控施工体系，引入多目标评价、仿真技术及智能温控平台建设，构建其闭环温控技术路线，如图1.2所示。

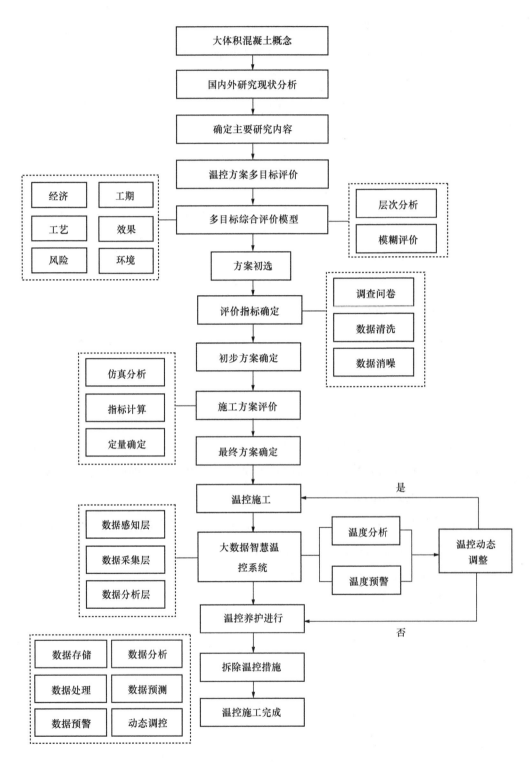

图 1.1　技术路线图

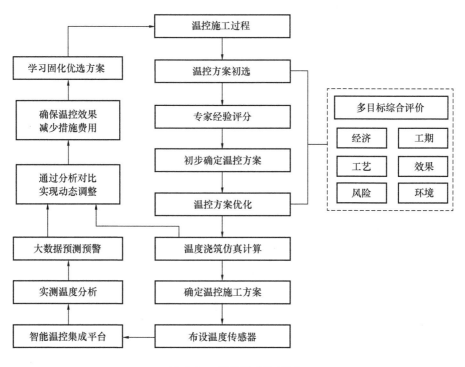

图 1.2 温控技术路线图

1.7 本章小结

本章对大体积混凝土的应用特点进行了分析介绍，重点分析了温度裂缝产生的原因、特点及危害，对于本书研究的必要性和可行性进行了论述，对国内外有关大体积混凝土温度控制的研究现状进行了梳理，并对存在的问题进行了分析，在此基础上，分析了本书的主要内容和研究创新点，梳理了本书的技术路线图。

2 大体积混凝土温控理论及仿真技术

对大体积混凝土进行温控防裂,即对其温度场和应力场进行分析,并对可能出现的不利工况进行控制。目前对于大体积混凝土温度场的计算主要包括有限单元法和有限差分法,对于大体积混凝土应力场的计算主要为有限单元法。本章将对大体积混凝土温控的基本理论、模型进行介绍,并对其涉及的仿真技术进行介绍分析。

2.1 温度场基本原理

2.1.1 热传导基本原理

考虑均匀的、各向同性的固体,从其中取出一无限小的六面体 $dxdydz$,如图 2.1 所示。在单位时间内,从左界面 $dydz$ 流入单元体的热量为 $q_x dydz$,右界面流出的热量为 $q_{x+dx} dydz$,则单元体在单位时间内流入的净热量为 $(q_x - q_{x+dx})dydz$ [1]。

对于固体而言,热流量 q 与温度梯度 $\partial T/\partial x$ 成正比,方向相反,即:

$$q_x = -\lambda \frac{\partial T}{\partial x} \tag{2.1}$$

式中:λ 为导热系数。

将上式按照泰勒级数展开,取前两项得:

$$q_{x+dx} \cong q_x + \frac{\partial q_x}{\partial x}dx = -\lambda \frac{\partial T}{\partial x} - \lambda \frac{\partial^2 T}{\partial x^2} \tag{2.2}$$

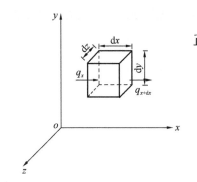

图 2.1 微元体

则单元体沿 x 方向单位时间内流入的净热量为:

$$(q_x - q_{x+dx})dydz = \lambda \frac{\partial^2 T}{\partial x^2}dydz \tag{2.3}$$

同理，沿 y 方向、z 方向流入的净热量分别为 $\lambda \frac{\partial^2 T}{\partial y^2} \mathrm{d}x\mathrm{d}z$ 和 $\lambda \frac{\partial^2 T}{\partial z^2} \mathrm{d}x\mathrm{d}y$。

对于混凝土，在其浇筑过程中，由于水泥水化反应，内部产热。设在单位时间混凝土单位体积内发出的热量为 Q，则在体积 $\mathrm{d}x\mathrm{d}y\mathrm{d}z$ 内单位时间发出的热量为 $Q\mathrm{d}x\mathrm{d}y\mathrm{d}z$。

在时间 $\mathrm{d}\tau$ 内，单元体由于温度升高而吸收的热量为：

$$c\rho \frac{\partial T}{\partial \tau}\mathrm{d}\tau\mathrm{d}x\mathrm{d}y\mathrm{d}z$$

式中：c 为比热；τ 为时间；ρ 为密度。

由热量平衡原理，温度升高所吸收的热量等于外界流入的净热量与内部水化热之和，即：

$$c\rho \frac{\partial T}{\partial \tau}\mathrm{d}\tau\mathrm{d}x\mathrm{d}y\mathrm{d}z = \left[\lambda\left(\frac{\partial^2 T}{\partial x^2} + \frac{\partial^2 T}{\partial y^2} + \frac{\partial^2 T}{\partial z^2}\right) + Q\right]\mathrm{d}x\mathrm{d}y\mathrm{d}z\mathrm{d}\tau \tag{2.4}$$

整理得：

$$\frac{\partial T}{\partial \tau} = \frac{\lambda}{c\rho}\left(\frac{\partial^2 T}{\partial x^2} + \frac{\partial^2 T}{\partial y^2} + \frac{\partial^2 T}{\partial z^2}\right) + \frac{Q}{c\rho} \tag{2.5}$$

由于水化热作用，在绝热条件下混凝土的温度上升速度为：

$$\frac{\partial \theta}{\partial \tau} = \frac{Q}{c\rho} \tag{2.6}$$

则混凝土热传导方程为：

$$\frac{\partial T}{\partial \tau} = \frac{\lambda}{c\rho}\left(\frac{\partial^2 T}{\partial x^2} + \frac{\partial^2 T}{\partial y^2} + \frac{\partial^2 T}{\partial z^2}\right) + \frac{\partial \theta}{\partial \tau} \tag{2.7}$$

2.1.2 初始条件和边界条件

热传导方程是物体的温度与时间、空间关系，其方程解有无限多，为确定所需要的温度场，还须知道方程的初始条件和边界条件。初始条件为物体在初始瞬时内部的温度分布，边界条件为混凝土表面与周围介质之间温度相互作用规律，方程的初始条件和边界条件成为方程的定解条件[3]。

在混凝土初始时刻，温度场坐标是坐标 (x,y,z) 的已知函数，即：

$$T(x,y,z,0) = T_0(x,y,z) \tag{2.8}$$

对于大多数情况，初始温度分布均可视为常数，混凝土的初始温度可认为是其

浇筑温度,即:

$$T(x,y,z,0) = T_0 = 常数 \quad (2.9)$$

混凝土边界条件可用以下四种方式给出。

1) 第一类边界条件

混凝土表面温度 T 为已知函数,即:

$$T(\tau) = f(\tau) \quad (2.10)$$

混凝土与水接触,表面温度等于已知水温,属于此类边界条件。

2) 第二类边界条件

混凝土表面的热流量是时间的已知函数,即:

$$-\lambda \frac{\partial T}{\partial n} = f(\tau) \quad (2.11)$$

式中:n 为混凝土表面的外法线方向。

若表面绝热,则 $\frac{\partial T}{\partial n} = 0$。

3) 第三类边界条件

当混凝土与空气接触,第三类边界条件假定经过混凝土表面的热流量与混凝土表面温度 T 和气温 T_f 之差成正比。即:

$$-\lambda \frac{\partial T}{\partial n} = \beta(T - T_f) \quad (2.12)$$

式中:β 为混凝土表面的放热系数。

若 β 趋于无穷大,则 $T(\tau) = f(\tau)$,第三类边界条件转化为第一类边界条件。

若 $\beta = 0$,则 $\frac{\partial T}{\partial n} = 0$,第三类边界条件转化为绝热条件。

4) 第四类边界条件

当两种固体(混凝土与基岩或混凝土之间)接触良好时,则在接触面上温度和热流量是连续的,其边界条件为:

$$T_1 = T_2, \lambda_1 \frac{\partial T_1}{\partial n} = \lambda_2 \frac{\partial T_2}{\partial n} \quad (2.13)$$

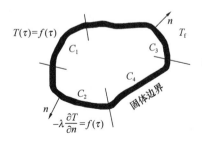

图2.2 边界条件

以上四类边界条件可用图2.2表示。

2.1.3 混凝土边界条件的近似处理

对于混凝土温度场的四类边界条件,第一类边界条件的处理最为简单。在实际工程中,混凝土建筑物常用的是第三类边界条件,在数学上处理困难。为简化计算,可对第三类边界条件进行近似处理。

第三类边界条件可转化为:

$$-\frac{\partial T}{\partial n} = \frac{T - T_a}{\lambda/\beta} \quad (2.14)$$

对于确定混凝土工程,上式右侧分母为常数。当表面温度从 T_1 变化到 T_2 时,表面温度梯度分别为:

$$-\frac{\partial T_1}{\partial n} = \tan\theta_1 = \frac{T_1 - T_a}{\lambda/\beta} \quad (2.15)$$

$$-\frac{\partial T_2}{\partial n} = \tan\theta_2 = \frac{T_2 - T_a}{\lambda/\beta} \quad (2.16)$$

如图 2.3 所示,任何温度曲线在混凝土表面的切线都通过点 A,点 A 到混凝土表面的距离为:

$$d = \lambda/\beta \quad (2.17)$$

在混凝土表面,将温度曲线 T_1 和 T_2 沿其切线方向向外延伸,经过水平距离 d 后,温度等于外界气温。根据此原理,当边界条件为第三类时,可以自真实边界向外延长一个虚厚度 d,得到混凝土的虚边界,在次边界上,混凝土表面温度等于外界介质温度。若混凝土的真实厚度为 L,在温度计算中采用的厚度为:

$$L' = L + 2d \quad (2.18)$$

然后即可按照第一类边界条件进行温度场计算。

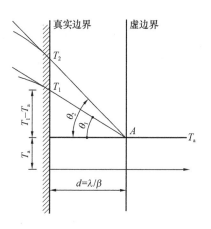

图 2.3 第三类边界条件近似处理图

2.2 混凝土温度应力基本原理

混凝土内部水泥水化反应产生的水化热和其散热作用,导致混凝土内部温度的不均匀分布,如果混凝土结构未受到约束,则结构只存在温度变形,若受到外部约束,则会产生温度应力。约束根据其性质可分为自身约束和外界约束,相应的应力可分为自身应力和约束应力[3]。

1)自身应力

若混凝土边界不存在约束或为完全静定结构,当混凝土内部温度分布为线性时,则不产生温度应力,当内部温度分布为非线性时,则会因为自身内部的相互约束而产生温度应力。大体积混凝土在浇筑过程中,其内部温度往往较高,边界由于散热作用而温度较低,内部的膨胀变形由于受到外部的约束而产生温度压应力,而在其表面产生温度拉应力,由于无其他应力,故同一断面拉、压应力应平衡。

2)约束应力

混凝土结构在部分或全部边界受到约束时,由于温差造成的变形受到限制,从而产生的温度应力称为约束应力。

若混凝土结构静定,则只产生自身应力;若为超静定结构,则同时可能出现自身应力和约束应力。

混凝土在浇筑完成后发生的温度应力,与其弹性模量随龄期的变化有关,在早龄期的升温过程中,结构内部产生压应力,由于混凝土弹性模量较小,此时产生的压应力也较小,在后期的降温阶段,由于弹性模量的增大,同样的温差产生的拉应力就较大,从而使得结构升温阶段的压应力被抵消,并产生较大的拉应力。在混凝土硬化结束后,其弹性模量稳定不变,由于外在气温的变化,也会导致混凝土结构产生温度应力问题。

混凝土结构往往具有徐变特性,其对结构应力有松弛作用,在早龄期的混凝土中,其松弛作用较明显,使得早期压应力降低较多,后期由于松弛作用影响较小,其对拉应力的降低幅度较小,混凝土的徐变作用使得结构内部的拉压应力值都有所降低,但更容易产生拉应力。

对混凝土温度应力,首先需要分析其温度场的变化。从分析出的温度场求解温度应力,过程复杂,只有特定的简单情况下,才能求解出理论解。对于大多数温度应力的求解,应采用有限单元法,在有限单元法中,可方便地引入混凝土的弹性模量以及徐变的变化,从而求解出更符合实际的混凝土温度应力状态。

2.3 混凝土热力学参数

2.3.1 混凝土热学参数

已知混凝土的初始和边界条件,根据上述的热传导方程即可对其进行温度场的求解。在求解过程中,需要已知混凝土的各热学参数,主要包括混凝土导热系数 λ、导温系数 a、表面散热系数 β 及绝热温升 θ、线膨胀系数 α,现分述如下[3]:

1) 导热系数 λ

导热系数为稳定传热条件下,混凝土在单位温度梯度作用下,单位时间内单位面积上传导的热量,与混凝土的材料、配比、密度等因素有关。条件允许的情况下,应根据实验测定;缺乏实验条件时,导热系数可根据其材料配比以及各组料的导热系数,加权平均进行估算。

2) 导温系数 a

根据导温系数定义,其可由混凝土导热系数、比热和密度求得:

$$a = \frac{\lambda}{c\rho} \qquad (2.19)$$

式中:c 为混凝土比热 [kJ/(kg·℃)];ρ 为混凝土密度 (kg/m³)。

由上式可知,混凝土的导温系数与其密度和比热成反比,与其导热系数成正比。混凝土导温系数可反映其温度扩散的快慢程度。上式表示,混凝土导热系数越大,比热和密度越小,其降温速度越快,导温能力越强;反之,其导温能力越弱。

3) 表面散热系数 β

混凝土的表面散热系数不仅与其表面的粗糙程度关系密切,还受外界风速的影响。固体表面在空气中的散热系数可用下列两式计算:

粗糙表面:

$$\beta = 21.06 + 17.58v^{0.91} \qquad (2.20)$$

光滑表面:

$$\beta = 18.46 + 17.36v^{0.883} \tag{2.21}$$

式中：v 为风速（m/s）。

4）绝热温升 θ

混凝土内部水泥的水化反应是其早期温度升高的主要原因。水泥的水化反应的热量产生为混凝土龄期的函数。根据工程实际和试验资料，混凝土的绝热温升一般可采用指数形式、双曲线形式和复合指数形式三种表达形式，其中常用的混凝土温度场的计算可采用复合指数形式，如下式[3]：

$$Q(\tau) = Q_0(1 - e^{-a\tau^b}) \tag{2.22}$$

式中：$Q(\tau)$ 为龄期 τ 时的累积水化热（kJ/kg）；Q_0 为最终水化热（kJ/kg）；τ 为龄期；a,b 为系数，具体取值如表 2.1 所示。

水泥水化热及系数取值　　　　表 2.1

水泥种类	Q_0（kJ/kg）	a	b
普通硅酸盐水泥，强度等级为 42.5	340	0.36	0.74

条件允许的情况下，混凝土的绝热温升应通过试验确定；缺乏试验数据时，可根据下式计算：

$$\theta(\tau) = \frac{Q(\tau)(W + kF)}{c\rho} \tag{2.23}$$

式中：W 为每立方米混凝土中水泥用量（kg/m³）；F 为每立方米混凝土中混合材料用量；k 为折减系数，对于粉煤灰，可取 0.25。

5）线膨胀系数 α

混凝土由于温度分布的不均匀，从而产生温度变形，其大小主要取决于温差值和混凝土的线膨胀系数 α，温度变形对结构内部温度应变和温度应力的产生具有重要作用。

混凝土线膨胀系数受多种因素的影响，其中混凝土的单位用水量和浆集比对其影响较大，α 值一般为 $7 \times 10^{-6} \sim 11 \times 10^{-6}$℃$^{-1}$。

2.3.2 混凝土力学参数

通过对混凝土温度场的求解，可得出其内部的温度分布情况，由于其温度分布的不均匀，加上外在的约束条件，从而导致混凝土内部产生温度应力。为确定混凝土内部的应力状态，除了需知道其准确的温度场分布及变化规律外，还需知道混凝土的力学参数。由于混凝土为非均质的组合材料,其力学性能受各组分影响,且受到拌制条件、养护等外在条件的影响。本书就主要的混凝土力学性能简述如下:

1) 弹性模量

混凝土的弹性模量是其应力计算的重要参数,是结构应变与应力的主要参数。混凝土在浇筑后,其弹性模量随时间的延长而增加,其增长呈现非线性,可用下式[3]表示:

$$E(\tau) = E_0[1 - \exp(-0.4\tau^{0.34})] \tag{2.24}$$

式中:$E(\tau)$ 为混凝土在龄期为 τ 时的弹性模量(MPa);$E_0 = 1.45E_{28}$,E_{28} 为混凝土在 28d 时的弹性模量(MPa)。

2) 极限拉伸值

混凝土抵抗拉力的能力较低,其极限拉伸值是混凝土轴向受拉断裂的应变值,它是混凝土抗裂能力的重要指标,其值随抗拉强度的增加而增大,实测拉伸极限值较为分散,一般为 0.05~0.27mm。

对于混凝土结构,提高其极限拉伸值,对于结构的防裂有重要作用。通过工程实践和试验研究,结果表明在混凝土中进行合理的配筋可较大幅度提高相应极限抗拉值,增强其抗裂性能。考虑结构配筋后的极限抗拉值可用下式表示:

$$\varepsilon_{p(\tau)} = 5f_\tau \left(1 + \frac{\mu}{d}\right) \times 10^{-5} \times \frac{\ln\tau}{\ln28} \tag{2.25}$$

式中:$\varepsilon_{p(\tau)}$ 为混凝土在龄期为 τ 时的极限抗拉值;f_τ 为混凝土的抗拉强度设计值(MPa);μ 为结构配筋率;d 为所用钢筋直径(cm)。

由上式可知,配筋结构的混凝土极限拉伸值与所选钢筋直径成反比,与结构配筋率成正比。因此,在配筋混凝土结构中,通过合理增加配筋率且合理减小所用钢筋直径,可有效增加混凝土的极限拉伸值,增强其抗裂能力。

3) 抗拉强度

混凝土属于脆性材料,其抗拉强度远比抗压强度低,只相当于抗压强度的 1/18~1/10,抗压强度越高,其拉压比越低。混凝土结构不出现裂缝的条件是结构出现的拉应力值小于其相应龄期下的抗拉强度,混凝土允许抗拉强度随龄期变化,可用下式[1]表示:

$$R_{f(\tau)} = 0.8R_{f_{28}} (\lg\tau)^{2/3} \tag{2.26}$$

式中:$R_{f(\tau)}$ 为混凝土在龄期为 τ 时的抗拉强度(N/mm^2);$R_{f_{28}}$ 为混凝土在 28d 时

的抗拉强度（N/mm²）。C25混凝土抗拉强度随龄期变化曲线如图2.4所示。

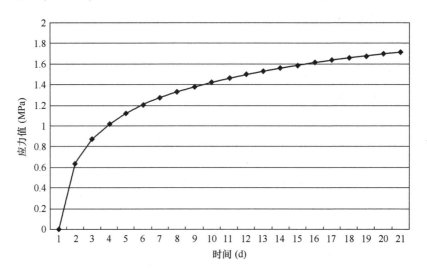

图2.4　C25混凝土抗拉强度随龄期变化曲线

2.4　温度场求解方法介绍

对于混凝土的温度场求解，常用的计算方法包括有限差分法和有限单元法，其中，有限差分法用于求解结构相对简单的混凝土，不适用于处理边界条件复杂的结构块；有限单元法适用范围更广，适用于不同浇筑形状的结构体。

2.4.1　有限差分法

有限差分法通过数学差分代替微分，是一种简单易行的数值求解方法。对于混凝土温度场的求解，通过对混凝土离散可建立差分方程，通过计算机对差分方程进行求解，计算效率高，可用于混凝土温度场的精确求解。针对不同的结构形式，有限差分法又可分为一维差分、二维差分、三维差分格式，以下仅介绍应用最为广泛的三维差分格式[41,52]。

三维差分格式主要用于三维问题的混凝土温度场求解，其热传导方程为：

$$\frac{\partial T}{\partial \tau} = a\left(\frac{\partial^2 T}{\partial x^2} + \frac{\partial^2 T}{\partial y^2} + \frac{\partial^2 T}{\partial z^2}\right) + \frac{\partial \theta}{\partial \tau} \quad (2.27)$$

用立方体网格，如图2.5所示，x方向格距为h，y方向格距为l，z方向格距为v，用差商代替微商：

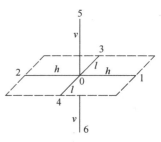

图2.5　三维差分示意图

$$\left(\frac{\partial^2 T}{\partial x^2}\right)_{0,\tau} = \frac{1}{h^2}(T_{1,\tau} + T_{2,\tau} - 2T_{0,\tau}) \tag{2.28}$$

$$\left(\frac{\partial^2 T}{\partial y^2}\right)_{0,\tau} = \frac{1}{l^2}(T_{3,\tau} + T_{4,\tau} - 2T_{0,\tau}) \tag{2.29}$$

$$\left(\frac{\partial^2 T}{\partial z^2}\right)_{0,\tau} = \frac{1}{v^2}(T_{5,\tau} + T_{6,\tau} - 2T_{0,\tau}) \tag{2.30}$$

化简得：

$$\begin{aligned}T_{0,\tau+\Delta\tau} &= (1 - 2r_1 - 2r_2 - 2r_3)T_{0,\tau} + r_1(T_{1,\tau} + T_{2,\tau}) + r_2(T_{3,\tau} + T_{4,\tau}) \\ &\quad + r_3(T_{5,\tau} + T_{6,\tau}) + \Delta\theta \end{aligned} \tag{2.31}$$

式中：$r_1 = a\Delta\tau/h^2$，$r_2 = a\Delta\tau/l^2$，$r_3 = a\Delta\tau/v^2$，$\Delta\theta = \theta(\tau + \Delta\tau) - \theta(\tau)$，当 $r_1 + r_2 + r_3 < 0.5$ 时，计算结果稳定。

边界条件处理：

1）绝热边界条件

设 n 是绝热边界，则 $\partial T/\partial n = 0$，由差商公式得：

$$\left(\frac{\partial T}{\partial x}\right)_{n,\tau} = \frac{(T_{n+1,\tau} - T_{n-1,\tau})}{2h} = 0 \tag{2.32}$$

$$\left(\frac{\partial T}{\partial y}\right)_{n,\tau} = \frac{(T_{n+1,\tau} - T_{n-1,\tau})}{2l} = 0 \tag{2.33}$$

$$\left(\frac{\partial T}{\partial z}\right)_{n,\tau} = \frac{(T_{n+1,\tau} - T_{n-1,\tau})}{2v} = 0 \tag{2.34}$$

则对于 x、y、z 方向，均可得：$T_{n+1,\tau} = T_{n-1,\tau}$。

代入热传导方程可得：

$$T_{\text{边},\tau+\Delta\tau} = (1 - 2r_i)T_{\text{边},\tau} + 2r_i T_{\text{内},\tau} + \Delta\theta \tag{2.35}$$

式中：$T_\text{边}$ 为混凝土边界处温度；$T_\text{内}$ 为混凝土内部距离边界为 1 单位的节点的温度值；对于 x 方向，取 $r_1 = a\Delta\tau/h^2$；对于 y 方向，取 $r_2 = a\Delta\tau/l^2$；对于 z 方向，取 $r_3 = a\Delta\tau/v^2$。

2）第三类边界条件计算

以 x 方向为例，利用牛顿后插公式，右边界的温度梯度可表示如下：

$$\left(\frac{\partial T}{\partial x}\right)_{n,\tau+\Delta\tau} = \frac{1}{2h}(3T_{n,\tau+\Delta\tau} - 4T_{n-1,\tau+\Delta\tau} + T_{n-2,\tau+\Delta\tau}) \tag{2.36}$$

代入边界条件得：

$$T_{n,\tau+\Delta\tau} = \frac{1}{3+s}(4T_{n-1,\tau+\Delta\tau} - T_{n-2,\tau+\Delta\tau} + sT_{a,\tau+\Delta\tau}) \tag{2.37}$$

式中：$s = 2\beta h/\lambda$。

同理，可得：

$$T_{1,\tau+\Delta\tau} = \frac{1}{3+s}(4T_{2,\tau+\Delta\tau} - T_{3,\tau+\Delta\tau} + sT_{a,\tau+\Delta\tau}) \tag{2.38}$$

对于 y、z 方向，其处理过程同 x 方向，则其边界处理如下：

$$T_{边,\tau+\Delta\tau} = \frac{1}{3+s}(4T_{内1,\tau+\Delta\tau} - T_{内2,\tau+\Delta\tau} + sT_{a,\tau+\Delta\tau}) \tag{2.39}$$

式中：$T_{边}$ 为混凝土边界处温度；$T_{内1}$ 为混凝土内部距离边界为 1 单位的节点的温度值；$T_{内2}$ 为混凝土内部距离边界为 2 单位的节点的温度值；T_a 为外界介质温度。

3）第四类边界条件计算

当混凝土与基岩或新旧混凝土结合时，其边界条件为第四类边界条件。通常情况下，可认为其接触良好，则在接触面上认为温度和热流量连续，其边界条件为：

$$T_1 = T_2, \lambda_1 \frac{\partial T_1}{\partial n} = \lambda_2 \frac{\partial T_2}{\partial n} \tag{2.40}$$

以 x 方向为例，对于固体 1，有：

$$\left(\frac{\partial T_1}{\partial x}\right)_{1,n,\tau+\Delta\tau} = -\frac{1}{2h_1}(3T_{1,n,\tau+\Delta\tau} - 4T_{1,n-1,\tau+\Delta\tau} + T_{1,n-2,\tau+\Delta\tau}) \tag{2.41}$$

式中：h_1 为 1 固体的栅格间距。

对于固体 2，有：

$$\left(\frac{\partial T_2}{\partial x}\right)_{2,n,\tau+\Delta\tau} = \frac{1}{2h_2}(3T_{2,n,\tau+\Delta\tau} - 4T_{2,n-1,\tau+\Delta\tau} + T_{2,n-2,\tau+\Delta\tau}) \tag{2.42}$$

式中：h_2 为 2 固体的栅格间距。

整理得：

$$T_{n,\tau+\Delta\tau} = -\frac{1}{3}\left[\frac{\lambda_1}{2h_1}(T_{1,n-2,\tau+\Delta\tau} - 4T_{1,n-1,\tau+\Delta\tau}) + \frac{\lambda_2}{2h_2}(T_{2,n-2,\tau+\Delta\tau} - 4T_{2,n-1,\tau+\Delta\tau})\right] \Big/$$

$$\left(\frac{\lambda_1}{2h_1} + \frac{\lambda_2}{2h_2}\right) \tag{2.43}$$

则对于三维场可得：

$$T_{\text{边},\tau+\Delta\tau} = -\frac{1}{3}\left[\frac{\lambda_2}{2h_2}(T_{2,\text{内}2,\tau+\Delta\tau} - 4T_{2,\text{内}1,\tau+\Delta\tau}) + \frac{\lambda_1}{2h_1}(T_{1,\text{内}2,\tau+\Delta\tau} - 4T_{1,\text{内}1,\tau+\Delta\tau})\right]\Big/$$

$$\left(\frac{\lambda_1}{2h_1} + \frac{\lambda_2}{2h_2}\right) \tag{2.44}$$

2.4.2 有限单元法

有限单元法是求解复杂数学问题的新的有效方法。将混凝土求解区域剖分成有限个单元，通过变分原理，得到以节点温度为变量的代数方程组，通过对方程组的求解可得到精确的温度分布。有限单元法可求解复杂边界的混凝土温度场，但所需时间较长，且程序复杂，不易掌握[53-55]。

针对混凝土温度场的有限元解法，其温度场方程可转化为：

$$\frac{\partial^2 T}{\partial x^2} + \frac{\partial^2 T}{\partial y^2} + \frac{\partial^2 T}{\partial z^2} + \frac{c\rho}{\lambda}\left(\frac{\partial \theta}{\partial \tau} - \frac{\partial T}{\partial \tau}\right) = 0 \tag{2.45}$$

由变分原理知，上述问题等价于下述三维温度场泛函极值问题：

$$I(T) = \iiint_R \left\{\frac{1}{2}\left[\left(\frac{\partial T}{\partial x}\right)^2 + \left(\frac{\partial T}{\partial y}\right)^2 + \left(\frac{\partial T}{\partial z}\right)^2\right] + \frac{c\rho}{\lambda}\left(\frac{\partial T}{\partial \tau} - \frac{\partial \theta}{\partial \tau}\right)T\right\}$$

$$\mathrm{d}x\mathrm{d}y\mathrm{d}z + \iint_C \frac{\beta}{\lambda}\left(\frac{T}{2} - T_a\right)T\mathrm{d}s = \min \tag{2.46}$$

上式中，方程右边第一项为大体积混凝土内温度场的体积分，第二项为边界条件上的面积分。

把求解区域进行离散，设单元 e 的节点为 $i、j、m、\cdots、p$，节点温度为 $T_i(\tau)$、$T_j(\tau)、T_m(\tau)、\cdots、T_p(\tau)$，采用插值函数，则单元内任一点的温度可表示如下：

$$T^e(x,y,z,\tau) = N_i N_i + N_j T_j + N_m N_m + \cdots + N_p T_p$$

$$= [N_i, N_j, N_m, \cdots]\begin{Bmatrix}\dot{T}_i \\ \dot{T}_j \\ \dot{T}_m \\ \cdots\end{Bmatrix} = [N]\{\dot{T}\}^e \tag{2.47}$$

式中：N 为内部坐标的函数；$T(\tau)$ 为时间 τ 的函数。

由式（2.47）可得求解区域内任意点的温度变化速率，表示如下：

$$\frac{\partial T}{\partial \tau} = N_i \frac{\partial T_i}{\partial \tau} + N_j \frac{\partial T_j}{\partial \tau} + N_m \frac{\partial T_j}{\partial \tau} + \cdots + N_p \frac{\partial T_p}{\partial \tau}$$

$$= [N_i, N_j, N_m, \cdots] \begin{Bmatrix} T_i \\ T_j \\ T_m \\ \cdots \end{Bmatrix} = [N]\{T\}^e \tag{2.48}$$

式中：e 为离散后的有限元单元。将单元 e 作为求解子域，则在此求解域内的泛函值为：

$$I^e(T) = \iiint_{\Delta R} \left\{ \frac{1}{2} \left[\left(\frac{\partial T}{\partial x} \right)^2 + \left(\frac{\partial T}{\partial y} \right)^2 + \left(\frac{\partial T}{\partial z} \right)^2 \right] + \frac{c\rho}{\lambda} \left(\frac{\partial T}{\partial \tau} - \frac{\partial \theta}{\partial \tau} \right) T \right\} \mathrm{d}x\mathrm{d}y\mathrm{d}z + \iint_{\Delta C} \frac{\beta}{\lambda} \left(\frac{T}{2} - T_a \right) T \mathrm{d}s = \min \tag{2.49}$$

对上式求微商，则得：

$$\frac{\partial I^e}{\partial T_i} = h_{ii}^e T_i + h_{ij}^e T_j + h_{im}^e T_m + \cdots + r_{ii}^e \frac{\partial T_i}{\partial \tau} + r_{ij}^e \frac{\partial T_j}{\partial \tau} + r_{im}^e \frac{\partial T_m}{\partial \tau} + \cdots - f_i^e \frac{\partial \theta}{\partial T} + g_{ii}^e T_i + g_{ij}^e T_j + g_{im}^e T_m + \cdots - p_i^e T_a \tag{2.50}$$

上式中：

$$h_{ij}^e = \iiint_{\Delta R} \left(\frac{\partial N_i}{\partial x} \frac{\partial N_j}{\partial x} + \frac{\partial N_i}{\partial y} \frac{\partial N_j}{\partial y} + \frac{\partial N_i}{\partial z} \frac{\partial N_j}{\partial z} \right) \mathrm{d}x\mathrm{d}y\mathrm{d}z \tag{2.51}$$

$$r_{ij}^e = \frac{c\rho}{\lambda} \iiint_{\Delta R} N_i N_j \mathrm{d}x\mathrm{d}y\mathrm{d}z \tag{2.52}$$

$$f_i^e = \frac{c\rho}{\lambda} \iiint_{\Delta R} N_i \mathrm{d}x\mathrm{d}y\mathrm{d}z \tag{2.53}$$

$$g_{ij}^e = \frac{\lambda}{\beta} \iint_{\Delta C} N_i N_j \mathrm{d}s \tag{2.54}$$

$$p_i^e = \frac{\lambda}{\beta} \iint_{\Delta C} N_i \mathrm{d}s \tag{2.55}$$

当所选离散单元足够小时，可以用单元的泛函值的和代表区域泛函值，即：

$$I(T) \cong \sum_e I^e(T) \tag{2.56}$$

当泛函值取极小值时，则有：

$$\frac{\partial I}{\partial T_i} \cong \sum_e \frac{\partial I^e}{\partial T_i} = 0 \tag{2.57}$$

则对整个求解区域内进行积分号下求微商，得：

$$[H]\{T\} + [R]\left\{\frac{\partial T}{\partial \tau}\right\} + \{F\} = 0 \qquad (2.58)$$

式中：矩阵$[H]$、$[R]$、$[F]$元素如下：

$$H_{ij} = \sum_e (h_{ij}^e + g_{ij}^e) \qquad (2.59)$$

$$R_{ij} = \sum_e r_{ij}^e \qquad (2.60)$$

$$F_{ij} = \sum_e \left(-f_i \frac{\partial \theta}{\partial \tau} - p_i^e T_a\right) \qquad (2.61)$$

泛函值在任一时刻都成立，故其在$\tau = \tau_n$和$\tau = \tau_{n+1}$时刻都成立，即：

$$[H]\{T_n\} + [R]\left\{\frac{\partial T}{\partial \tau}\right\}_n + \{F_n\} = 0 \qquad (2.62)$$

$$[H]\{T_{n+1}\} + [R]\left\{\frac{\partial T}{\partial \tau}\right\}_{n+1} + \{F_{n+1}\} = 0 \qquad (2.63)$$

设

$$\Delta T_n = T_n - T_{n-1} = \Delta \tau_n \left[(1-s)\left(\frac{\partial T}{\partial \tau}\right)_n + s\left(\frac{\partial T}{\partial \tau}\right)_{n+1}\right] \qquad (2.64)$$

当$s = 0$，$\Delta T_n = \Delta \tau_n \left(\frac{\partial T}{\partial \tau}\right)_n$时，为显式差分计算，差分格式为向前差分；当$s = 1$，$\Delta T_n = \Delta \tau_n \left(\frac{\partial T}{\partial \tau}\right)_{n+1}$时，为隐式差分计算，差分格式为向后差分；当$s = 1/2$，$\Delta T_n = \frac{1}{2}\Delta \tau_n \left[\left(\frac{\partial T}{\partial \tau}\right)_n + \left(\frac{\partial T}{\partial \tau}\right)_{n+1}\right]$时，为隐式差分计算，差分格式为中心差分。

由上式得：

$$\left(\frac{\partial T}{\partial \tau}\right)_{n+1} = \frac{1}{s\Delta \tau_n}[\{T_{n+1}\} - \{T_n\}] - \frac{1-s}{s}\left(\frac{\partial T}{\partial \tau}\right)_n \qquad (2.65)$$

则可得：

$$[H]\{T_{n+1}\} + [R]\left(\frac{1}{s\Delta \tau_n}[\{T_{n+1}\} - \{T_n\}] - \frac{1-s}{s}\left(\frac{\partial T}{\partial \tau}\right)_n\right) + \{F_{n+1}\} = 0 \quad (2.66)$$

由上式得：

$$-[R]\left\{\frac{\partial T}{\partial \tau}\right\}_n = [H]\{T_n\} + \{F_n\} \qquad (2.67)$$

则可得：

$$\left([H]\{T_{n+1}\}+[R]\frac{1}{s\Delta\tau_n}\right)\{T_{n+1}\}+\left(\frac{1-s}{s}[H]-\frac{1}{s\Delta\tau_n}[R]\right)\{T_n\}+\frac{1-s}{s}\{F_n\}+\{F_{n+1}\}=0$$

(2.68)

上式中，$\{T_n\}$、$\{F_n\}$、$\{F_{n+1}\}$为已知量，仅$\{T_{n+1}\}$为未知，因此上式为$\{T_{n+1}\}$的非线性方程组，通过对方程组的求解，即可得各节点在不同时刻的温度值。当$s=0$时，为向前差分的显式解法；当$s=1$时，为向后差分的隐式解法；当$s=1/2$时，为中点差分的隐式解法。

2.5 应力场求解方法介绍

2.5.1 弹性温度应力计算

对混凝土温度场进行求解，可得到其温度场分布，继而可计算混凝土内的应力分布。混凝土的应力场求解较为复杂，只有在边界条件规则、材料满足特定假定的特殊情况下才能得到其理论解，有限单元法不仅适用于各种复杂边界条件，也可以较好地模拟混凝土的应力分布，得到较为精确的应力分布，因此，在实际工程中得到广泛的应用[55-56]。

在分析弹性温度应力时，可不考虑混凝土的塑性作用，由以上计算方法可得其内部温度分布T，将其简化为各向同性的弹性体来分析，在热膨胀系数α不随方向而改变时，则由温度产生的应变为线应变，其剪应变为零，所以，可计算得出其温度变形为：

$$\varepsilon_x=\varepsilon_y=\varepsilon_z=\alpha(T-T_0) \quad (2.69)$$

$$\gamma_{xy}=\gamma_{yz}=\gamma_{zx}=0 \quad (2.70)$$

式中：ε_x、ε_y、ε_z分别为x、y、z方向的线应变；γ_{xy}、γ_{yz}、γ_{zx}为xy、yz、zx方向的剪应变；T_0为混凝土的初始温度值；α为混凝土的热膨胀系数。

对于单元，任一节点i的位移为：

$$[\boldsymbol{\delta}_i]=\begin{Bmatrix}u_i\\v_i\\w_i\end{Bmatrix} \quad (2.71)$$

式中：u_i、v_i、w_i 分别为节点 i 在 x、y、z 方向的位移分量。

则单元 e 全部节点位移向量为：

$$\{\boldsymbol{\delta}^e\} = \begin{bmatrix} \delta_1 & \delta_2 & \delta_3 & \cdots \end{bmatrix} = \begin{bmatrix} u_1 & v_1 & w_1 & u_2 & v_2 & w_2 & \cdots \end{bmatrix}^T \quad (2.72)$$

单元内任一点位移可用形函数和节点位移表示：

$$\{\boldsymbol{r}\} = \begin{Bmatrix} u \\ v \\ w \end{Bmatrix} = \begin{bmatrix} N_1 & 0 & 0 & N_2 & 0 & 0 & \cdots \\ 0 & N_1 & 0 & 0 & N_2 & 0 & \cdots \\ 0 & 0 & N_1 & 0 & 0 & N_2 & \cdots \end{bmatrix} \begin{Bmatrix} u_1 \\ v_1 \\ w_1 \\ u_2 \\ v_2 \\ w_2 \\ \cdots \end{Bmatrix} = [\boldsymbol{N}]\{\boldsymbol{\delta}^e\} \quad (2.73)$$

式中：$[\boldsymbol{N}]$ 为形函数矩阵。

对于空间问题，每一节点有 6 个应变分量，即：

$$\{\boldsymbol{\varepsilon}\} = \begin{Bmatrix} \varepsilon_x \\ \varepsilon_y \\ \varepsilon_z \\ \gamma_{xy} \\ \gamma_{yz} \\ \gamma_{zx} \end{Bmatrix} = \begin{Bmatrix} \dfrac{\partial u}{\partial x} \\ \dfrac{\partial v}{\partial y} \\ \dfrac{\partial w}{\partial z} \\ \dfrac{\partial u}{\partial x} + \dfrac{\partial v}{\partial x} \\ \dfrac{\partial v}{\partial z} + \dfrac{\partial w}{\partial y} \\ \dfrac{\partial w}{\partial x} + \dfrac{\partial u}{\partial z} \end{Bmatrix} \quad (2.74)$$

则可得任一点应变为：

$$\{\boldsymbol{\varepsilon}\} = \begin{bmatrix} \boldsymbol{B}_1 & \boldsymbol{B}_2 & \cdots \end{bmatrix} \{\boldsymbol{\delta}^e\} = [\boldsymbol{B}]\{\boldsymbol{\delta}^e\} \quad (2.75)$$

式中：

$$[B_i] = \begin{bmatrix} \dfrac{\partial N_i}{\partial x} & 0 & 0 \\ 0 & \dfrac{\partial N_i}{\partial y} & 0 \\ 0 & 0 & \dfrac{\partial N_i}{\partial z} \\ \dfrac{\partial N_i}{\partial y} & \dfrac{\partial N_i}{\partial x} & 0 \\ 0 & \dfrac{\partial N_i}{\partial z} & \dfrac{\partial N_i}{\partial y} \\ \dfrac{\partial N_i}{\partial z} & 0 & \dfrac{\partial N_i}{\partial x} \end{bmatrix} \quad (2.76)$$

对于各向同性的弹性体，应力应变满足广义胡克定律，即：

$$\{\boldsymbol{\sigma}\} = [\boldsymbol{D}](\{\boldsymbol{\varepsilon}\} - \{\boldsymbol{\varepsilon}_0\}) + \{\boldsymbol{\sigma}_0\} \quad (2.77)$$

式中：$\{\boldsymbol{\varepsilon}_0\}$ 为初应变；$\{\boldsymbol{\sigma}_0\}$ 为初应力，在结构施加荷载前就已经存在的应力应变状态；$[\boldsymbol{D}]$ 为弹性矩阵。其可以表示为：

$$[\boldsymbol{D}] = \dfrac{E(1-\mu)}{(1+\mu)(1-2\mu)} \begin{bmatrix} 1 & \dfrac{\mu}{1-\mu} & \dfrac{\mu}{1-\mu} & 0 & 0 & 0 \\ & 1 & \dfrac{\mu}{1-\mu} & 0 & 0 & 0 \\ & & 1 & 0 & 0 & 0 \\ & 对 & & \dfrac{1-2\mu}{2(1-\mu)} & 0 & 0 \\ & & 称 & & \dfrac{1-2\mu}{2(1-\mu)} & 0 \\ & & & & & \dfrac{1-2\mu}{2(1-\mu)} \end{bmatrix}$$

$$(2.78)$$

则单元节点力可以表示为：

$$\{F\}^e = [k]^e\{\delta^e\} \tag{2.79}$$

$$[k]^e = \iiint [B]^T[D][B]\,\mathrm{d}x\mathrm{d}y\mathrm{d}z \tag{2.80}$$

式中：$[k]^e$ 称为单元刚度矩阵，它取决于单元的形状、大小、方向及材料参数，与单元位置无关。

结构的节点荷载为初应力和初应变产生的节点荷载，即：

$$\{P\} = \iiint [B]^T[D]\{\varepsilon_0\}\mathrm{d}x\mathrm{d}y\mathrm{d}z - \iiint [B]^T[\sigma_0]\mathrm{d}x\mathrm{d}y\mathrm{d}z \tag{2.81}$$

以上两个积分均需对整个体积进行，初应变和初应力是结构力学性质在不同方面的反映，应根据结构的具体情况选取，如对温度变形可取初应变，对地基或洞室开挖可取初应力。

根据节点平衡方程，则可得：

$$\sum_e \{F_e\} = \{P\} \tag{2.82}$$

即：

$$[K]\{\delta\} = \{p\} \tag{2.83}$$

式中：$[K]$ 为结构的整体刚度矩阵，其元素 k_{ij} 与刚度矩阵单元 K_{rs} 关于如下：

$$K_{rs} = \sum_e k_{ij}^e \tag{2.84}$$

在对温度应力求解过程中，需先对结构进行单元划分，建立合适的形函数，继而求出单元刚度矩阵，加以适当组合，即可得到整体平衡方程组。对方程组进行求解，即可求得结构的温度应力。

2.5.2 徐变温度应力计算

实际工程中，混凝土多非理想的弹性体，其在外界荷载的持续作用下，应力不发生改变，而变形随时间不断增长，此现象叫作混凝土的徐变。混凝土的徐变对结构具有双重作用：一方面，徐变可能会导致内部应力的重新分布，从而损失预应力值；另一方面，徐变可缓解大体积混凝土由于温度、干缩变形而形成的有害应力，抑制表面裂缝的产生。

在计算徐变应力的过程中，可使用混凝土龄期调整的有效模量方法[57-58]。该方法是计算混凝土长期应力的有效方法,已被广泛应用于混凝土实际工程中的应力求解和仿真。在该方法中,利用弹性模量的降低来考虑混凝土徐变的作用,即:

$$E_c(\tau) = \frac{\sigma(\tau)}{\sigma(\tau)C(t,\tau) + \sigma(\tau)/E(\tau)} = \frac{E(\tau)}{1 + C(t,\tau)E(\tau)} = \frac{E(\tau)}{1 + \varphi(t,\tau)} \tag{2.85}$$

式中:$C(t,\tau)$ 为混凝土龄期 τ 时的等效弹性模量;$\sigma(\tau)$ 为龄期 τ 时的混凝土应力;$C(t,\tau)$ 为结构的徐变度;$\varphi(t,\tau)$ 为结构的徐变系数。

其中,结构的徐变系数与徐变度的关系可用下式表示:

$$\varphi(t,\tau) = E(\tau)C(t,\tau) \tag{2.86}$$

设龄期为 τ_0 的混凝土结构的初始应力为 $\sigma(\tau_0)$,结构到时间 t 所产生的总应变为:

$$\varepsilon(t) = \frac{\sigma(\tau_0)}{E(\tau_0)}[1 + \varphi(t,\tau)] + \int_{\tau_0}^{t} \frac{1 + \varphi(t,\tau)}{E(\tau)} \frac{\partial \sigma(t)}{\partial \tau} d\tau \tag{2.87}$$

由积分中值定理可得:

$$\Delta\sigma(t) = \int_{\tau_0}^{t} \frac{\partial \sigma(t)}{\partial \tau} d\tau = \sigma(t) - \sigma(\tau_0) \tag{2.88}$$

将式(2.88)代入式(2.87),则可得:

$$\varepsilon(t) = \frac{\sigma(\tau_0)}{E(\tau_0)}[1 + \varphi(t,\tau)] + \frac{\sigma(t) - \sigma(\tau_0)}{E(\tau_0)}[1 + \chi(t,\tau_0)\varphi(t,\tau_0)] \tag{2.89}$$

式(2.89)可转化为以下格式:

$$\varepsilon(t) = (1 + r)\frac{\sigma(t)}{E(\tau_0)}[1 + \chi(t,\tau_0)\varphi(t,\tau_0)] \tag{2.90}$$

式中:$r = \frac{\sigma(\tau_0)}{\sigma(t)} \frac{\varphi(t,\tau_0)[1 - \varphi(t,\tau_0)]}{1 + \chi(t,\tau_0)\varphi(t,\tau_0)}$;$\chi(t,\tau_0)$ 为老化系数。

则可得混凝土的等效弹性模量为:

$$E = \frac{E(\tau_0)}{(1 + r)[1 + \chi(t,\tau_0)\varphi(t,\tau_0)]} \tag{2.91}$$

2.6 仿真计算技术介绍

2.6.1 MATLAB 仿真技术

MATLAB 是由美国 Mathworks 公司发布的主要面对科学计算、可视化以及交互式程序设计的高科技计算环境的软件。它将数值分析、矩阵计算、数据可视化以及非线性动态系统的建模和仿真等诸多功能集成在一个易于使用的视窗环境中,为科学研究、工程设计以及数值计算等科学领域提供了一种全面的解决方案,并在很大程度上摆脱了传统非交互式程序设计语言(如 C 语言、Fortran)的编辑模式,MATLAB 代表当今国际科学计算软件的先进水平,是目前最流行的数学计算软件之一[59-61]。

MATLAB 有其强大的功能特点:

(1)高效的数值和符号计算功能;

(2)具有完备的图形处理功能,可实现计算结果和编程的可视化;

(3)友好的用户界面及接近数学表达式的自然语言,易于学习和掌握;

(4)功能丰富的应用工具箱(如遗传算法工具箱、拟合工具箱等),为用户提供了易行实用的处理工具。

MATLAB 具有强大的数据处理功能,可用于大型数值计算,通过对数学模型进行编程处理,可处理复杂的数学模型。MATLAB 编程功能简单,不需要对变量进行定义而可以直接使用,且相比传统的编程软件,更容易掌握和应用。对于混凝土温度场分布,往往需要知道某一截面或整体的温度分布及变化规律,MATLAB 强大的可视化功能可将截面的温度场分布进行可视化输入,而不需要进行编程,操作简单快捷,可实现混凝土温度场的快速仿真模拟,而且软件简单易行,可在工程实际中广泛应用。

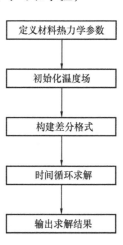

图 2.6 MATLAB 仿真求解流程图

MATLAB 仿真求解流程如图 2.6 所示。

MATLAB 仿真程度及结果输出如图 2.7~图 2.9 所示。

2.6.2 ANSYS 仿真技术

美国 ANSYS 公司开发的通用商业有限元软件 ANSYS 作为 FEA 行业第一个通过 ISO 9001 质量认证的软件,引领着世界有限元技术的发展,并在全球范围内得到了

```
d1=246.46;%混凝土导热系数
b1=0.91;%混凝土比热
m1=2422.36;%混凝土密度
f1=397.8;%混凝土放热系数
a1=d1/b1/m1;%混凝土导温系数
d2=242.16;%基岩导热系数
b2=0.92;%基岩比热
m2=2600;%基岩密度
f2=1514;%基岩放热系数
a2=d2/b2/m2;%基岩导温系数
k=14;%外界空气温度
t=0.02;%时间间隔
xdt=21;%计算终止时间
n=xdt/t;%计算终止温度
h=0.4;%分割间距
r1=a1*t/h^2;%混凝土的差分绝热边界r
r2=a2*t/h^2;%混凝土的差分绝热边界r
s1=2*f1*h/d1;%混凝土差分第三类边界s1
s2=2*f2*h/d2;%混凝土差分第三类边界s1
```

图 2.7　定义材料参数截图

```
for i=48:102;
  for j=19:54;
    for m=8:14;
      T(i,j,m)=20;
      B(i,j,m)=20;
    end
  end
end
for g=1:n;
  for i=2:149;
    for j=2:71;
      for m=2:7;
        B(i,j,m)=T(i,j,m);
        T(i,j,m)=(1-6*r2)*T(i,j,m)+r2*(T(i,j-1,m)+T(i,j+1,m))+r2*(T(i-1,j,m)+T(i+1,j,m))+r2*(T(i,j,m-1)+T(i,j,m+1));
        T(1,:,:)=(1-2*r2)*T(1,:,:)+2*r2*B(2,:,:);
        T(150,:,:)=(1-2*r2)*T(150,:,:)+2*r2*B(149,:,:);
        T(:,1,:)=(1-2*r2)*T(:,1,:)+2*r2*B(:,2,:);
        T(:,72,:)=(1-2*r2)*T(:,72,:)+2*r2*B(:,71,:);
        T(:,:,1)=(1-2*r2)*T(:,:,1)+2*r2*B(:,:,2);
      end
    end
  end
end
```

图 2.8　初始温度场及差分格式构建截图

广泛应用。其分析融结构、热、流体、电磁、声学于一体，可进行多物理场耦合计算，广泛应用于核工业、航空航天、国防军工、土木工程、水利、轻工、地矿等科研及设计[62-68]。

标准的 ANSYS 程序是一个功能强大、通用性好的有限元分析程序，同时它还具

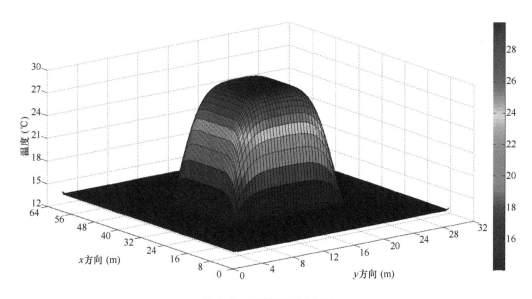

图2.9 截面云图输出图

有良好的开放性,用户可以根据自身需要在标准ANSYS版本上进行功能扩充和系统集成,生成具有行业分析特点和符合用户需要的用户版本的ANSYS程序。开发功能包括四个组成部分[62]:

(1)参数化程序设计语言(APDL);

(2)用户界面设计语言(UIDL);

(3)用户程序特性(UPFs);

(4)ANSYS数据接口。

ANSYS软件基于MOTIF的图形用户界面,智能化菜单引导、帮助等,为用户提供了强大的前后处理功能,直接建模与实体建模相结合,图形界面交互方式大大地简化了模型生成,并可通过交互式图形来验证模型的几何形状、材料及边界条件;计算结果可以采用多种方式输出,比如计算结果排序和检索、彩色云图、彩色等值线、梯度显示、矢量显示、变形显示及动画显示等。其前后处理功能明显优于同类型的软件。

ANSYS典型的分析过程由前处理、求解计算和后处理三个部分组成[63]。

1)前处理

(1)定义工作文件名。

(2)设置分析模块,可选择Structural、Thermal、ANSYS Fluid等。

(3)定义单元类型和选项,ANSYS中给出了100多种单元类型,并且可以通过用户自定义单元类型，基本上可满足所有材料类型的计算。

（4）定义实常数，包括材料厚度、截面面积、高度等。

（5）定义材料特性，典型的材料特性包括弹性模量、密度、热膨胀系数等，线性材料和非线性材料的特性应使用不同的方法定义。

（6）建立几何模型，并对模型进行网格划分，网格划分有自由网格和映射网格两种，并可以控制网格尺寸大小、网格密度及渐变；划分结束应进行检查，程序允许修改。

（7）施加荷载及约束，包括 DOF 约束、力、表面荷载、体荷载、惯性荷载等。

2）求解计算

（1）选择求解类型，ANSYS 提供有许多联立求解方程的方法，有波前法、稀疏矩阵直接求解法、雅可比共轭梯度法、自动迭代法等。

（2）进行求解选项设定，如瞬态或静态、大变形效应、线性或非线性等。

3）后处理

（1）从求解计算结果中提取数据。

（2）对计算结果进行各种图形化显示。

（3）进行后续分析。

ANSYS 应用的部分效果展示如图 2.10～图 2.12 所示。

图 2.10　ANSYS 有限单元划分示意图

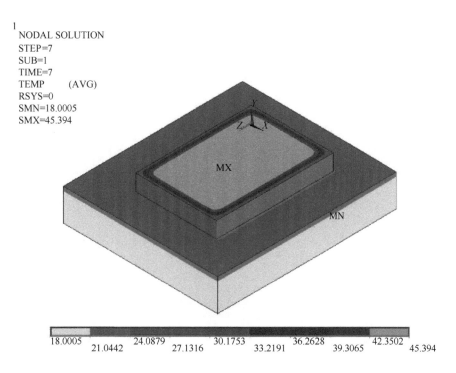

图 2.11　计算得到的温度场分布图

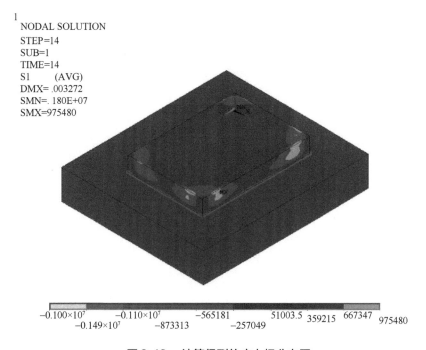

图 2.12　计算得到的应力场分布图

2.7 本章小结

本章对大体积混凝土的温度场和应力场的基本原理进行了介绍，对其涉及的混凝土热学参数和力学参数进行了分析，在此基础上，介绍了混凝土温度场求解的有限差分法和有限单元法，以及应力场求解中的弹性温度应力及徐变温度应力求解，并对大体积混凝土温度场和应力场求解的仿真计算技术进行了介绍分析。

3 基于多目标的温控方案评价模型

大体积混凝土施工过程复杂，现有研究多集中在大体积混凝土温控仿真技术的实现，以及如何采用温控措施，有效保证大体积混凝土的浇筑质量，而对大体积混凝土施工过程涉及的施工质量、施工工期、经济投资、环境影响等多方面的研究较少。大体积混凝土在施工过程中，温控效果是控制的目标之一，对于工期目标、经济目标、环境目标等也需要进行综合考量，从而制定科学合理的温控方案。

3.1 温控方案评价特点

温控方案的评价是参照一定的标准，对不同温控方案的优劣性进行评判的过程。由于大体积混凝土施工过程中影响因素较多，不仅要考虑温控效果，还需要考虑工程投资、施工工期、环境影响、风险控制等多方面因素，是一个复杂的系统评价工程，具有如下特点：

（1）整体性。大体积混凝土温控施工涉及投资、工期、技术、效果、风险、环境影响等多因素，各部分因素可能相互矛盾，也可能相互依存，是一个复杂而又整体的工程系统，在进行温控方案评价时应充分考虑投资、工期、技术、效果、风险、环境影响等多方面的因素，建立整体评价体系。

（2）评价指标复杂，定量难。温控方案的评价需要从整体考虑经济效益、工期时间、技术科学性、温控效果、风险管控和环境影响，这些方面所涉及的指标包括定性指标和定量指标。定量指标可以通过查阅文献、规范或仿真技术实现，但定性指标难以用确切的数据表示，需要通过专家评分法等方式进行转化定量，并需要针对专家打分进行数据统计分析校验，因此温控措施的评价可以采用定性与定量结合的方法。

（3）数据收集困难，数据噪声大。大体积混凝土温控方案评价需要收集大量的定性评价数据，如何收集评价数据，难度较大，且由于数据搜集过程中，人为误差或认知误差会使数据产生较大的噪声,继而影响对温控方案的整体评价。

(4) 缺乏系统的评价方法和实例。温控方案的评价是多目标评价体系,针对大体积混凝土的温控方案评价均局限于离散的研究成果,尚未形成系统的科学评价方法,也未形成可行的应用实例。

3.2 温控方案评价内容

由于大体积混凝土的温控方案涉及经济、工期、技术等多方面,所以在评价过程中,需要依据多目标的关系构建相应的评价体系,并能针对评价体系选择确定合理的评价指标,且可以依据评价指标进行评价,给出相应结论。

基于多目标的大体积混凝土温控方案评价包括以下内容:

(1) 根据大体积混凝土浇筑的特点,得到温控措施的经济、工期、技术、效果、风险和环境等特征,构建评价体系,确定评价指标;

(2) 对于拟采用的温控方案,采用定性与定量相结合的方法确定评价指标系数;

(3) 利用评价方法对评价方案进行系统评价,得出评价结论。

其评价流程如图3.1所示。

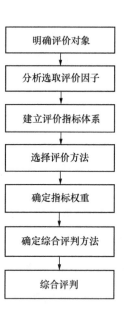

图3.1 温控方案评价流程图

3.3 基于多目标的温控方案评价体系构建

3.3.1 构建原则

为客观地对大体积混凝土的温控方案做出评价,应当科学选取评价指标体系,指标的优劣关系到评价质量的好坏。在选取过程中,应遵循以下原则,建立评价指标体系:

1) 概括性原则

所选评价指标应有较强的代表性,且涵盖面要广,对多种温控措施都要适用。

3 基于多目标的温控方案评价模型

2）层次性原则

对于复杂的评价对象，应当根据研究系统的结构和逻辑进行分层，使指标体系结构清晰，为确定各评价指标的权重提供方便。

3）定性指标与定量指标相结合的原则

温控方案评价指标包括定性指标，又包括定量指标。坚持定性指标与定量指标相结合的原则，可以减少只有定性指标评价的主观性和某些定量指标缺少数据支持而产生的误差，能使评价结果更加准确。

3.3.2 评价指标确定

结合大体积混凝土施工特点及工程要求，在选择评价指标时可以从经济合理性、工期节省性、技术科学性、效果可靠性、风险管控性、环境影响性等方面进行确定。

1）经济合理性

经济合理性主要考量不同方案的工程投资，其中工程投资费用的构成有诸多分类，例如直接费、间接费；也可以从费用的构成比例进行区分，为了便于评价，在经济合理性方面选择材料成本、人工成本、机械成本、措施成本四个指标，其中材料成本是温控方案所需耗费的材料费用，例如加冰、冷却水管材料等；人工成本和机械成本，是指温控方案所需要耗费的人工或机械费用；措施成本是温控方案所引起的措施费用。

2）工期节省性

工期节省性主要考量不同方案的工期时间长短，根据其耗费时间的不同，将其分为人工耗费时间和机械耗费时间。

3）技术科学性

技术科学性主要考量不同方案的技术可行性、可靠性和施工难易程度，主要从施工方技术人员储备和技术掌握水平进行综合考量。

4）效果可靠性

效果可靠性主要考量不同方案的施工效果，包括温控效果和混凝土浇筑质量，例如采用拌和制冷等有可能会造成冰块未完全融化，对混凝土的质量产生一定影响。

5）风险管控性

风险管控性主要考量不同方案的施工风险以及风险的可控程度，例如技术为现有的成熟技术，其风险相对较小；水管冷却可以调整通水流量，其风险可控程度较高。

6）环境影响性

环境影响性主要考量不同方案对环境的影响，例如方案产生的废料废渣对环境的影响、施工过程中产生的其他影响，如噪声等。

3.3.3 评价体系构建

根据上述评价指标，确定评价体系的准则层包括经济合理性、工期节省性、技术科学性、效果可靠性、风险管控性、环境影响性六个方面，指标层包括材料成本、人工成本、机械成本、措施成本，人工时间、机械时间，技术可行性、施工难易程度、技术可靠性，温控效果、浇筑质量，风险程度、可控程度，废料污染、其他影响15个指标（图3.2）。

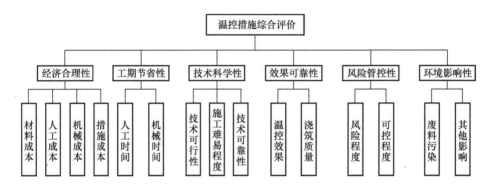

图3.2 温控方案评价体系图

3.4 多目标评价模型

3.4.1 评价方法选取

通过对温控方案进行多目标评价体系的建立可知，其涉及多个目标，针对不同的目标，又可以通过多个指标进行衡量，而在确定指标优劣时，往往需要结合经验进行评价，对于上述评价，一般的数学处理方法难以满足使用要求。

在多目标或多影响因素的复杂方案决策情景中，各影响因素通常不是完全独立的，而是相互关联的，且在不同情景中呈现出的重要程度因人因事而异，因此决策者通常无法直接加以判断选择。有鉴于此，本书引入基于数据分析的评价优选方法——层次分析法（Analytic Hierarchy Process，AHP），以便更科学地协助决策者进行决策。

对于评价指标优劣的确定，考虑温控方案评价的目的是实现评价温控方案有关的多重目标的最优，其往往具有模糊性，因此选用模糊综合评判法（Fuzzy Comprehensive Evaluation，FCE），以实现相对准确地评价方案的优劣。

3.4.2 层次分析模型

层次分析法是 20 世纪中叶由 Thomas L. Saaty 提出的，该方法将同决策对象有关的多个影响因素，利用专家决策者的经验进行分级处理，并利用数理统计方法计算权重向量，从而为最优方案评价与选择提供具体的决策依据。

层次分析法是一种解决多目标复杂问题的定性与定量相结合的决策分析方法。该方法将定量分析与定性分析结合起来，用决策者的经验判断各衡量目标能否实现的准则之间的相对重要程度，并合理地给出每个决策方案的每个准则的权数，利用权数求出各方案的优劣次序，比较有效地应用于那些难以用定量方法解决的难题。

层次分析法（AHP）的基本思路如下：首先，决策者将复杂系统按照特征分解为多个层次；然后，将每个层次的相关影响要素一一列出；接着，在相同层次的各影响要素之间利用特定的标度法简单地进行比较和打分；最后，经过计算得出每个因素的权重，为最优方案选择提供更加合理、科学的决策依据[69-74]。层次分析法的实现步骤如图 3.3 所示。

层次分析模型的建立一般分为三层，最上面是目标层，最下面是方案层，中间是准则层或者指标层。准则层是灵活变化的，有可能会衍生出更多的层次。首先需要将其中的复杂问题细化成各个组成元素，而后依据其属性的差别将元素划分为不同的组，从而出现不同层次。相同层次中的元素属于准则层，需要对下层部分元素产生支配作用，而同时也被上层元素所支配，最后形成自上而下的递进关系。它主要包含的层次为目标层、准则层、方案层等。

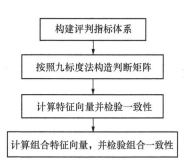

图 3.3 层次分析法（AHP）的实现步骤

混凝土的温控措施评估是一个涉及多层次、多因素、多指标的复杂决策过程。在评估过程中由于主观的定性评判、一些方法的局限性和不可定量描述的因素干扰，使得混凝土温控措施的评估存在着极大的不确定性以及模糊性。层次分析模型运用到混凝土温控方案的综合评估中，可以将复杂、散乱的评价因素系统化、结构化，从而使混凝土温控方案的评估更为明确。要想使问题得到妥善应对与处理，保证层次结构的科学性与合理性十分关键。同时，要想构建出科学合理的层次结构，需要对实际问题有着系统全面的认知。典型层次递阶模型如图 3.4 所示。

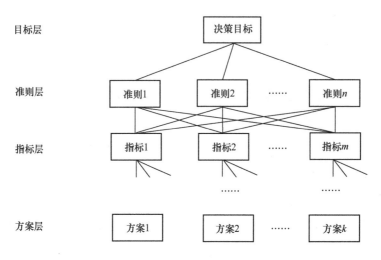

图 3.4　典型层次递阶模型

3.4.3　模糊评价模型

对于温控方案的评价往往要考虑方案的经济合理性、工期节省性、技术可行性、效果可靠性、风险管控性以及环境影响性等多个方面。因此，温控方案评价需要用多个属性来描述，其优劣评价也相应地需要考虑多个方面。模糊数学适用于综合评价问题，可以较好地实现温控方案的评价。

在客观世界中，存在着大量的模糊概念和模糊现象。模糊数学就是试图用数学工具解决模糊事物方面的问题。模糊综合评价是借助模糊数学的一些概念，对实际的综合评价问题提供一些评价的方法。具体地说，模糊综合评价就是以模糊数学为基础，应用模糊关系合成的原理，将一些边界不清、不易定量的因素定量化，从多个因素对被评价事物隶属等级状况进行综合性评价的一种方法。它具有结果清晰、系统性强的特点，能较好地解决模糊的、难以量化的问题，适合各种非确定性问题的解决[75-79]。

在综合评判矩阵与因素集权重进行模糊运算时，需要用到模糊算子，常用的模糊算子有四种，分别为 $M(\wedge,\vee)$ 算子、$M(\cdot,\vee)$ 算子、$M(\wedge,\oplus)$ 算子、$M(\cdot,\oplus)$ 算子。

（1）$M(\wedge,\vee)$ 算子，先求最小值，再求最大值。若采用该模糊算子，则 b_j 的计算公式如下：

$$b_j = \bigvee_{i=1}^{m}(a_i \wedge r_{ij}) = \max_{1 \leq i \leq m}\{\min(a_i, r_{ij})\}, j = 1, 2, \cdots, n \tag{3.1}$$

该算子的特点是简明，突出了主因素，称为主因素决定型，该模型掌握起来十分方便，运算也比较简便，且代数性质较好，因此得到了广泛的应用。但是在运算过程中丢失信息较多，难以做出合理的评价。

（2）$M(\cdot, \vee)$ 算子，先求乘积，再求最大值。若采用该模糊算子，则 b_j 的计算公式如下：

$$b_j = \bigvee_{i=1}^{m}(a_i \cdot r_{ij}) = \max_{1 \leq i \leq m}\{a_i \cdot r_{ij}\}, j = 1, 2, \cdots, n \tag{3.2}$$

通过 $a_i \cdot r_{ij}$ 运算不会存在信息丢失的情况，突出了主因素的影响，且充分体现了单因素的隶属度，尽管 $M(\cdot, \vee)$ 算子的做法可能导致信息丢失，不过相对于 $M(\wedge, \vee)$ 算子而言有了一定的改善。

（3）$M(\wedge, \oplus)$ 算子，先求最小值，再相加。若采用该模糊算子，则 b_j 的计算公式如下：

$$b_j = \min\{1, \sum_{i=1}^{m}\min(a_i, r_{ij})\}, j = 1, 2, \cdots, n \tag{3.3}$$

$M(\wedge, \oplus)$ 算子与 $M(\cdot, \vee)$ 算子有类似的特点。

（4）$M(\cdot, \oplus)$ 算子，先相乘，再相加。若采用该模糊算子，则 b_j 的计算公式如下：

$$b_j = \min\{1, \sum_{i=1}^{m}a_i r_{ij}\}, j = 1, 2, \cdots, n \tag{3.4}$$

$M(\cdot, \oplus)$ 算子即为加权平均模型，能够尽可能发挥所有数据的作用，作为理想程度相对较高的算子，按最大隶属度原则判别，四种模糊算子的评价等级相同。但从归一化评价结果来看，四种模糊算子的评判结果相当，因此不能简单说哪种算子较好，具体应用时应视实际问题而定（表3.1）。

几种算子的综合比较　　　　表3.1

算子	权数作用	综合程度	利用 R 充分程度
$M(\wedge, \vee)$	不明显	弱	不充分
$M(\cdot, \vee)$	明显	弱	不充分
$M(\wedge, \oplus)$	不明显	强	比较充分
$M(\cdot, \oplus)$	明显	强	充分

3.4.4　多目标评价模型

通过以上的模型分析可知，采用层次分析＋模糊综合评价可以较好实现对温控方案的评价,对温控方案的多目标评价模型进行具体建模,可表述如下。

1) 层次分析模型决定指标权重

层次分析模型的建模步骤一般为:建立递阶层次的结构模型—构造判断矩阵—计算权向量—层次单排序及一致性检验—层次总排序及一致性检验。其具体建模过程如下:

(1) 建立递阶层次的结构模型

分析温控方案评价指标体系中各因素之间的关系,将其进行分类,按照递阶层次建立结构模型,一般来说可以分为目标层、准则层、指标层。建立的评价体系模型如图3.2所示。

(2) 构造判断矩阵

在确定各层次各因素之间的权重时,如果只是定性的结果,则不容易被别人接受,因而Santy等人提出了一致矩阵法,即不把所有因素放在一起比较,而是两两相互比较,比较时采用相对尺度,以尽可能地减少性质不同的诸因素相互比较的困难,提高准确度。判断矩阵是表示本层所有因素针对上一层某一个因素的相对重要性的比较。判断矩阵的元素 a_{ij} 用Santy的1-9标度方法给出。建立递阶层次结构评价模型后,对因素进行逐层比较,确定比较因素间的相对重要性,并对重要性进行量化,量化值组成判断矩阵 $A = (a_{ij})_{n \times n}$,$i,j = 1,2,\cdots,n$。判断矩阵中的各个元素的数值一般采用1-9标度法确定,1-9标度法取值及对应的含义解释如表3.2所示。

1—9 标度法　　　　　表3.2

标度值	含义解释
1	两个指标相比,重要性一样
3	两个指标相比,前者比后者稍微重要
5	两个指标相比,前者比后者明显重要
7	两个指标相比,前者比后者强烈重要
9	两个指标相比,前者比后者极端重要
2、4、6、8	上述相邻判断的中间值

a_{ij} 表示两两比较因素的权重比值,最终 n 项因素的对比结果用比较矩阵 A 来表示,由此比较矩阵可表示为:

$$A = \begin{bmatrix} a_{11} & a_{12} & \cdots & a_{1n} \\ a_{21} & a_{22} & \cdots & a_{2n} \\ \vdots & \vdots & \vdots & \vdots \\ a_{n1} & a_{n2} & \cdots & a_{nn} \end{bmatrix} \quad (3.5)$$

矩阵中的元素满足：$a_{ij} > 0$，$a_{ij} = 1 (i = j)$，$a_{ij} = 1/a_{ji}$。

（3）计算权向量

首先将判断矩阵 A 中的每一列进行归一化：

$$\omega_{ij} = \frac{a_{ij}}{\sum_{i=1}^{n} a_{ij}} \quad (3.6)$$

然后将归一化后的判断矩阵 A 按行求和并归一化：

$$W = \frac{\sum_{j=1}^{n} \omega_{ij}}{\sum_{i=1}^{n} \omega_{ij}} \quad (3.7)$$

式中：$W = (W_1, W_2, \cdots, W_n)^T$，即所求的特征向量。

（4）层次单排序及一致性检验

层次单排序的过程就是求出判断矩阵 A 对应于最大特征值 $\lambda_{\max}$ 的特征向量 W，即同层次相应元素对于上一层某元素相对重要性的排序权值。

计算 AW，得出最大特征值 $\lambda_{\max}$ 为：

$$\lambda_{\max} = \frac{1}{n} \sum_{i=1}^{n} \frac{(AW)_i}{W_i} \quad (3.8)$$

式中：$\lambda_{\max}$ 为矩阵 A 的最大特征值；$(AW)_i$ 代表向量 AW 的第 i 个分量。

判断矩阵一致性检验的计算公式如下：

$$CI = \frac{(\lambda_{\max} - n)}{(n - 1)} \quad (3.9)$$

$$CR = \frac{CI}{RI} \quad (3.10)$$

式中：CR 为判断矩阵的随机一致性比率；CI 为一致性判断指标；n 为矩阵的阶数；RI 为判断矩阵的评价随机一致性指标，如表3.3所示，RI 的值可以通过查表确定。

随机一致性指标 *RI* 值　　　　　表3.3

n	1	2	3	4	5	6	7	8	9	10	11
RI	0	0	0.58	0.9	1.12	1.24	1.32	1.41	1.45	1.49	1.51

当计算所得的 $CR \leqslant 0.1$ 时，说明判断矩阵的一致性符合要求，矩阵的一致性可以接受，否则需要对判断矩阵进行调整，直到满足条件为止。

(5) 层次总排序及一致性检验

层次的总排序应当从目标层到指标层，逐层进行计算。同样的，层次总排序结果也应该进行一致性检验，方法与需要满足的条件与层次单排序时的一致性检验一样。一致性检验后，可以将归一化处理的特征向量作为某一层次对上一层次某元素相对重要的排序加权值，然后按照层次排列逐层计算排序权值，得出层次总排序。总排序的权值计算具有以下性质：

$$\sum_{j=1}^{n}\sum_{i=1}^{n} a_i b_j^i = 1 \quad (3.11)$$

式中：a_i 为准则层的权值；b_j^i 为目标层的权值。

最后要对总排序的一致性进行检验，如果总排序的权值小于等于 0.1，则总排序一致，分析的结果便可用于决策。一致性检验的公式如下：

$$CI = \sum_{i=1}^{m} a_i CI_i \quad (3.12)$$

$$RI = \sum_{i=1}^{m} a_i RI_i \quad (3.13)$$

$$CR = \frac{CI}{RI} \quad (3.14)$$

式中：a_i 代表上一层的特征向量；CI_i 为本层次不同元素的一致性判断指标；RI_i 为本层次不同元素的判断矩阵的评价随机一致性指标。

2) 模糊综合评判优选

对于一个涉及多个目标且目标具有模糊性的事物进行评价时，模糊综合评价法是最为有效的方法。具体方法如下：

(1) 建立评价因素集 $U = \{u_1, u_2, u_3, \cdots, u_n\}$ 来表示方案有影响的因素。

(2) 建立评语集 $V = \{v_1, v_2, v_3, \cdots, v_m\}$，将方案对措施评价因素的影响分为 m 类，并对应类别设置量化值。

(3) 建立单因素评判矩阵 R，即设计调查问卷，请有关专家（N 位）对方案在

3 基于多目标的温控方案评价模型

具体因素中的表现进行评价,统计评价表,得出 $\boldsymbol{R}$。具体步骤为:请有关专家对方案的每个指标进行评判,评判表如表3.4 所示,即在每个因素的对应评语下打√;综合所有参与调查的专家问卷,统计各个因素对应的每个评语的√数目 M_{ij},再将其除以参与调查的总人数 N,转化成模糊矩阵 $\boldsymbol{R}$。

$$r_{ij} = \frac{M_{ij}}{N} \tag{3.15}$$

$$\boldsymbol{R} = (R_1, R_2, \cdots, R_n)^{\mathrm{T}} = (r_{ij})_{nm} = \begin{bmatrix} r_{11} & r_{12} & \cdots & r_{1m} \\ r_{21} & r_{12} & \cdots & r_{2m} \\ \vdots & \vdots & \vdots & \vdots \\ r_{n1} & r_{n2} & \cdots & r_{nm} \end{bmatrix} \tag{3.16}$$

式中:M_{ij} 表示 u_i 因素在 v_j 评语下的√个数,$i = 1,2,\cdots,n$,$j = 1,2,\cdots,m$;N 表示参与调查的总人数;r_{ij} 表示 u_i 因素对 v_j 评语的等级模糊子集的隶属度。

方案的各指标评判表　　表3.4

因素集	评语集			
	v_1	v_2	⋯	v_m
u_1				
u_2				
⋮				
u_n				

(4) 建立评语模糊集 $\boldsymbol{b}$,$\boldsymbol{b} = a \circ \boldsymbol{R}$。其中,$a$ 为因素集权重,可利用层次分析法中的公式进行计算;$\boldsymbol{b} = (b_1, b_2, \cdots, b_m)$ 表示考察方案隶属于评语中各等级的程度;"∘"代表矩阵模糊算子。

如果评判因素集元素过多,则权重向量中每个分量很小,即设 $U = \{u_1, u_2, \cdots, u_n\}$ 为主因素,将 u_i 再分设 x 个子因素,$\boldsymbol{u}_i = \{u_{i1}, u_{i2}, \cdots, u_{il}\}$,$i = 1,2,\cdots,n$,$l = 1,2,\cdots,x$。评语集不变,按上述方法对各子因素进行综合评判。

$$\boldsymbol{R}_i = a'_i \circ \boldsymbol{R}'_i \tag{3.17}$$

式中:$\boldsymbol{R}'_i$ 表示因素 u_i 的模糊评判矩阵;a'_i 表示 u_i 的 x 个子因素的权重集;"∘"代表矩阵模糊算子。

此时各评判结果向量组合成单因素评判结果矩阵 $\boldsymbol{R}$。

$$\boldsymbol{R} = \begin{bmatrix} R_1 \\ R_2 \\ \vdots \\ R_n \end{bmatrix} = \begin{bmatrix} b_{11} & b_{12} & \cdots & b_{1m} \\ b_{21} & b_{22} & \cdots & b_{2m} \\ \vdots & \vdots & \vdots & \vdots \\ b_{n1} & b_{n2} & \cdots & b_{nm} \end{bmatrix} \tag{3.18}$$

根据因素 u_i 在因素集中所占比重,确定其子因素的权重,即将 a_i 二级模糊变换。

(5) 综合模糊评判

计算评语集,并结合评语集对应量化值集 $\boldsymbol{c} = (c_1, c_2, \cdots, c_m)$,得出方案综合评价值 D。

$$D = b \cdot \boldsymbol{c}^{\mathrm{T}} \tag{3.19}$$

对于多个温控方案的比选,可以通过上述建模和评价方法对其进行比较,并根据综合评价值的大小选出最优方案。

3.5 本章小结

本章从温控方案评价的特点出发,全面考虑温控方案评价的内容,从经济合理性、工期节省性、技术科学性、效果可靠性、风险管控性、环境影响性六个方面构建温控方案评价指标,针对不同的温控方案,采取层次分析法和模糊综合评价法构建多目标评价模型,该评价模型可以用于对温控方案的客观评价,为温控方案的合理确定提供指导。

4 多目标温控方案评价实例

大体积混凝土施工过程涉及施工质量、工程造价、工程工期等多个目标控制因素，是一个多目标的施工体系，为了准确反映温控方案的科学合理性，本章将针对具体工程的温控方案，进行多目标综合评价，从而为实际大体积混凝土温控施工的方案选择提供科学依据。

传统的温控方案制定，存在一定的盲目性，多依赖于仿真计算结果，而仿真计算多侧重于温控效果，未能考虑施工的经济、工期等因素，且仿真具有不可调整性；针对该问题，本章通过多目标评价，引入专家系统，进行温控方案的宏观初步确定；结合仿真技术，对初步温控方案进行细化设计，对温控方案涉及的评价权重系数进行调整，实现动态可调仿真，制定符合工程实际的具体温控施工方案。

4.1 工程实例

4.1.1 工程概况

工程实例选择为河南省周口市鹿邑县后陈楼加压泵站的大体积混凝土施工工程，后陈楼加压泵站位于鹿邑县解堂村西南后陈楼调蓄水库岸坡北侧，担负着向后陈楼调蓄水库加压供水任务，设计供水流量为 $22.90m^3/s$。后陈楼泵站最高运行水位为 39.95m，设计水位为 39.45m，最低运行水位为 37.25m，泵站设计装机 6 台（4 用 2 备），水泵扬程为 29.14m。采用机型 GS1400-19/14B、电机 YSPKK1000-14，总装机 $6 \times 2240kW$，属于大（2）型Ⅱ等泵站。

后陈楼加压泵站由进口段、检修闸、进水池、主厂房、副厂房及厂区、出水管线等部分组成，泵房上部设主厂房，主厂房两侧分别设副厂房和安装间，检修闸两侧设门库，清污闸一侧设清污机房。主厂房和安装间均为一层框架结构，副厂房、清污机房为砖混框架结构；主厂房和安装间为钢架屋顶（图 4.1）。

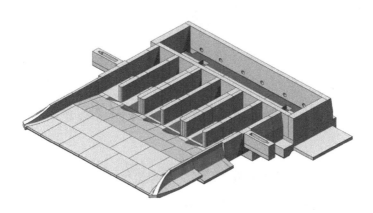

图4.1　工程三维模型图

4.1.2　环境条件

工程所在地为河南省周口市鹿邑县，属于温暖带大陆性季风气候区，气温、降水和风向随季节变化显著。其特征表现为：四季分明，春秋季较短，气候温暖；春夏之交多干风，夏季炎热，降雨集中；冬季较长，寒冷雨雪少。

根据当地气温环境条件，结合工程施工要求，确定大体积混凝土的浇筑时间为3～7月。

4.1.3　工程特点

工程浇筑混凝土体量较大，结构尺寸大，尤其是泵房段底板混凝土，最厚处达到6.44m，浇筑体量大，需要制定合理的温控措施保证其温控效果，此外，温控施工还受经济成本、施工工期及环境污染等多因素的影响，需要综合考量各温控方案的影响，制定合理的温控施工方案。

4.2　温控要求

为保证大体积混凝土浇筑质量，需要制定相应的温控方案以保证其温控效果，针对泵房段底板混凝土的浇筑，应当做好施工准备工作，提前编制温控施工方案，同时优化大体积混凝土配合比设计，采用改善骨料级配，掺用掺合料、减水剂、缓凝剂降低混凝土坍落度等综合措施，合理降低水泥用量；严格控制混凝土出机口温度和入仓温度，做好仓面防晒和降温措施，进行保温保湿养护；通过制定合理的温控方案，保证大体积混凝土在施工过程中满足温控防裂要求。

在确定合理的温控方案时，除了应满足结构的温控防裂要求外，还应充分考虑项目的经济成本、时间工期、施工难度、风险控制等因素，在多目标的综合考量下，制定科学合理的方案。

4.3 温控方案初选

在进行温控方案确定时，需要先根据工程条件，初步确定备选温控方案，初选的温控方案可以根据已有的施工理论和工程经验进行比较，从而选出备选的方案，作为多目标分析评价的依据。

4.3.1 常用温控方案

根据大体积混凝土施工已有理论和工程经验，其温控方案一般包括如下措施：

1）选择合理浇筑时间

合理的浇筑时间可以降低混凝土的浇筑温度，进而降低其最高温升，减小内外温差，降低温度应力，避免裂缝出现。

2）优化混凝土配比

在满足混凝土强度要求的情况下，采用优化混凝土的配比，改善骨料级配，选择低热水泥，掺加粉煤灰或矿渣、添加剂等措施，以减少混凝土中的水泥用量。

3）拌和制冷，降低浇筑温度

在混凝土拌和过程中，采用加冰或冷水或风冷骨料等措施，降低混凝土的拌和温度，同时，采取措施降低运输过程中的温升，降低混凝土的浇筑温度。

4）分层浇筑

对大体积混凝土实行合理的分缝分块或跳仓浇筑，实现层间散热，避免温升过大。

5）加强养护

在混凝土浇筑完成后，注意覆盖保温层养护，在夏季高温季节洒水养护或流水养护，在冬季寒冷季节注意保温。

6）水管冷却

在混凝土中埋设冷却水管，利用水管通水带走水化热产生的热量，避免混凝土内外温差过大。

7）配置温度钢筋

温度钢筋可以有效抵抗温度拉应力，从而避免混凝土出现温度裂缝。

8) 合理施工工艺

在混凝土浇筑过程中,确定合理的拆模时间,分层浇筑时,防止老混凝土过冷,减少新老混凝土的约束。

4.3.2 温控方案初选

对常用的温控方案进行统计,统计结果见表4.1。

温控方案初步统计表　　　　　表4.1

方案编号	温控方案	方案编号	温控方案
1	合理选择浇筑时间	5	加强养护
2	优化混凝土配比	6	水管冷却
3	拌和制冷,降低浇筑温度	7	配置温度钢筋
4	分层浇筑	8	合理选择施工工艺

对常用温控施工方案进行比较分析可知,合理选择浇筑时间、优化混凝土配比、加强养护、合理选择施工工艺,是保证混凝土浇筑质量的常规手段,在一般温控中均会采用,因此,可以确定表4.1中1+2+5+8的温控方案是必选方案。

配置温度钢筋并不能解决混凝土的温度场问题,其主要依靠钢筋来抵抗拉应力,由于温度钢筋的工程造价较高,且绑扎钢筋工艺复杂,钢筋抵抗温度拉应力的应用还多停留在理论层面,实际应用较少,因此,考虑方案7为排除方案。

在此基础上,分别选择方案3、4、6作为备选方案,温控方案初步拟定为:在合理选择浇筑时间、优化混凝土配比、加强养护、合理选择施工工艺的基础上,叠加表4.2所示的温控方案。

初选温控方案　　　　　表4.2

初选方案编号	温控方案
方案1	必选方案+拌和制冷
方案2	必选方案+水管冷却
方案3	必选方案+分层浇筑
方案4	必选方案+拌和制冷+水管冷却
方案5	必选方案+拌和制冷+分层浇筑
方案6	必选方案+水管冷却+分层浇筑
方案7	必选方案+拌和制冷+水管冷却+分层浇筑

4.4 温控方案优选

针对初步确定的 7 种温控方案进行分析比较，利用构建的多目标温控评价模型进行分析评价，从而确定优选方案。

4.4.1 温控方案特征

针对初选的温控方案，其技术特征不尽相同，对其进行分析，技术特征如下：

1）拌和制冷，降低浇筑温度

该方案能有效降低混凝土出机口温度，从而有效降低入模温度，一般可以采用添加冰块、低温水、风冷骨料等措施，需要一定的材料费、人工费，相比水管冷却和分层浇筑，可以缩短浇筑时间，但配置预冷系统有可能会影响混凝土的浇筑质量，并且在浇筑过程中无法有效调节混凝土内部温度。

2）水管冷却

铺设水管进行温度控制，可以促进混凝土内部降温，减小温差，但需要铺设水管，水管材料费、铺设人工费都会有明显增长，且一定程度上会影响工期，铺设水管后，水管局部温度变化过快，且冷却水管局部混凝土不易密实，会对浇筑质量产生一定的影响，但冷却水管可以调整通水流量，实现动态温控，风险可控程度较高。

3）分层浇筑

对于大体积混凝土可以采用分层、分块的浇筑方式，一般利用混凝土浇筑间隙提高散热性能，所需材料费相对较少，但需要分次浇筑混凝土，工期会有所延长，而且浇筑过程中，需要注意新老混凝土的结合面浇筑，以防引起整体浇筑效果下降。

4.4.2 特征值获取

在确定各温控方案的技术特征的基础上，需要对各特征值进行量化处理，对于信息量化，可以采用定性或定量的方法进行确定，对于初选的温控方案，量化指标较难获取，为了客观反映各指标的相对关系，在温控方案优选过程中，采用问卷调查+专家评分的方法。

本次问卷调查针对不同的专家一共发放了 30 份问卷，其中，收回有效问卷数据 26 份，无效问卷数据 4 份（无效问卷数据主要表现为没有按照问卷规定的标准进行填写）。

由于专家对方案的理解不同、评判中认知误差等都会造成较大的评价误差，如果不对上述误差进行消除,则会引起较大的偏差,因此,本书针对调查问卷进行异常值处理和权重系数消噪,从而提高其方案评价的准确度。

4.4.3 基于机器学习的异常值处理

问卷调查数据的获得主要通过人的主观判断,不同人对同一个问题的理解判断不同,造成了调查问卷中数据的差异性。因此,在获取大量问卷数据后,首先需要对问卷中的异常值进行筛选检测,将检测出的异常值进行删除或者修正,以保证问卷数据的整洁性,为后期评价指标值的计算做好准备。

层次分析过程中的判断矩阵获取是通过各个指标之间的相互比较,判断指标之间的重要程度。判断矩阵中的数据若是存在相互关联,则针对此类数据类型,采用机器学习算法进行异常值的检测,机器学习算法在多维空间中能够根据变量之间的相互关系,有效检测出异常值。

机器学习异常值检测主要分为基于距离检测、基于密度检测、基于树模型检测三大类,每种类型的检测算法都有一定的适用范围。其中,基于距离和密度的异常值检测算法需要数据为连续性变量,并且所需的数据量较大,而调查问卷中的数据属于离散型变量,且数据的规模达不到基于距离和密度的异常值检测算法要求。基于树模型的异常值检测算法对于异常数据占总样本量的比例很小,处理离散型变量时较好,对于不同模型的对比情况如表 4.3 所示。

检测算法的比较　　　　　　　　　表 4.3

异常值检测类型	代表算法	优缺点
基于距离检测	K 近邻	数据量要求大,且为连续性变量值
基于密度检测	K 均值	数据量要求大,且为连续性变量值
基于树模型检测	孤立森林	数据量要求不大,适用于连续型变量和离散型变量,异常数据占总样本量的比例很小

通过上表并结合本书的具体情况,选择树模型检测算法中的孤立森林作为多变量数据的异常值检测。

孤立森林算法是一种无监督异常检测方法,它不需要依赖任何对距离或群体密度的测量,从而大大消除了对距离和群体密度测量方法的复杂性和计算的成本。相较于传统的异常检测方法,孤立森林不再描述正常的样本点,而是选择孤立异常点,这种方法能够提供更高的准确率、更高的查全率、更低的误报率。在孤立森林中,每棵树将递归地对数据集进行分割,直至所有样本均为孤立的为止。在这种情况下,由于噪声数据的数量通常较少且远离正常样本,所以噪声数据的树深往往较低,而正常样本由于密度较大需要多次分割才能够完全孤立,也因此,孤立森林在处理噪声数据上拥有较高的效率[79-83]。

孤立森林通过样本在孤立森林中的路径深度和平均路径深度的关系来判断其是否属于噪声。那么 n 个样本的平均路径深度 $c(n)$ 可通过如下公式进行计算。

$$c(n) = 2H(n-1) - [2(n-1)/n] \tag{4.1}$$

式中:n 为样本数量;$H(i)$ 为调和数,可以通过 $\ln(i) + \gamma$ 对其进行估计;γ 为欧拉常数,通常取值为 0.577。

在异常值处理过程中,需要一个异常分数来区分正常样本和异常样本。异常分数的计算公式如下所示:

$$s(x,n) = 2^{-\frac{E(h(x))}{c(n)}} \tag{4.2}$$

式中:n 为样本数量;$h(x)$ 表示样本 x 所处的叶子结点的树深;E 为期望函数,即 $E(h(x))$ 表示样本 x 在孤立森林中的路径深度的数学期望值。异常分数 s 与该期望值的关系如图 4.2 所示。

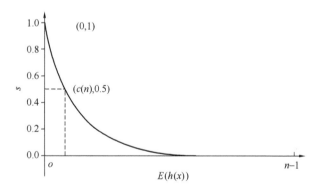

图 4.2　异常分数与期望值的关系图

从图 4.2 可知,当期望值趋近于 0 时,异常分数趋近于 1,即样本 x 将被认定为异常样本;当期望值趋近于 $n-1$ 时,异常分数趋近于 0,即样本 x 将被认定为正常样本;通过设置异常分数阈值,即可对测试数据的正常或异常情况进行判断。

基于孤立森林的算法流程如图 4.3 所示。

针对收回的有效问卷数据,首先进行数据的异常值识别,然后对异常值进行

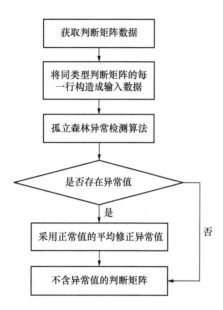

图4.3 基于孤立森林的算法流程图

修正。

以技术科学性作为数据异常值检测的代表进行验证。将获取到的26份数据输入模型中,可以有效检测出数据中存在的异常值,检测结果如图4.4所示。

图4.4中深色点代表异常值,浅色点代表正常值。通过机器学习的异常值识别,认定深色点为异常值,这些异常值如果不进行处理,则会影响对数据结果的判断,因此需要对该类值进行修正以满足数据的有效性。

针对识别出的异常值进行校正,校正时,需要考虑该异常值的影响性,既要将其置于相应的置信度区间内,又要考虑其偏移关系。在此基础上,确定校正方法为:对于超出置信区间(正常值的取值范围)的异常值,进行临近处理,即异常值取正常值的边界值,对其进行处理,修正异常值后的数据分布如图4.5所示。

图4.5中深色点代表经过修正后的数据点,浅色点代表正常值。通过数据异常值识别和修正可以发现,不同人对同一个问题的理解判断不同,造成了调查问

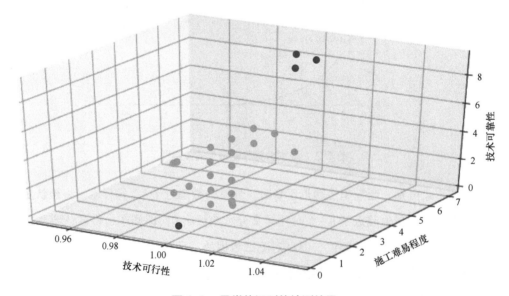

图4.4 异常值识别的检测结果

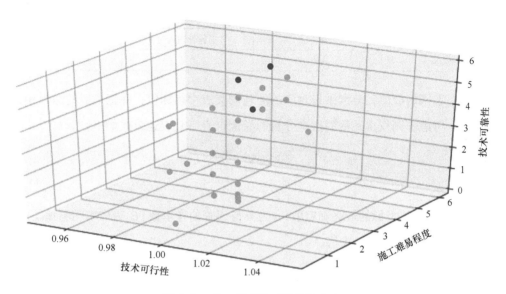

图4.5 修正异常值后的数据分布

卷中数据的差异性,通过对差异性数据进行异常值检测,可以有效识别出异常的问卷数据,并对该类数据进行修正,使其满足正常数据的特征,既能消除异常值对结果的影响,又能有效保证数据的多样性,对温控方案的优选提供有效的数据支持。

4.4.4 权重系数消噪

为了客观反映指标的真实情况,在专家评分中,引入工程管理人员、工程基层技术人员的经验判断,以防止专家经验的局部收敛。考虑工程管理人员、工程基层技术人员的认知水平有限,如果不进行处理,会导致评价结果有所偏差。

综合考虑专家评分的人员配置,采用权重系数消噪的方法进行处理。权重系数是一种数学处理方法,其是为了显示若干量数在总量中所具有的重要程度,分别给予不同的比例系数,权重系数是表示某一指标项在指标项系统中的重要程度,它表示在其他指标项不变的情况下,这一指标项的变化,对结果的影响,权重系数的大小与目标的重要程度有关。

在进行问卷异常值处理的基础上,对于获取的可用数据,根据领域内专家经验水平对所得到的不同调查问卷赋予不同权值,通过权值的不同可以增加调查问卷数据的可靠性。其中,权值的赋值情况如表4.4所示。

不同样本问卷对应的权值表　　　　　　　　表4.4

职称等级	领域专家	工程管理人员	基层技术人员
权值	1.0	0.8	0.6

根据不同的权值，分别乘以对应的问卷调查表中指标值，并把最后的结果相加，得出综合考虑不同权重系数的层次分析问卷调查表，其表达公式如下：

$$\beta = \frac{\sum_{i=1}^{n}\beta_i\gamma_i}{n} \qquad (4.3)$$

式中：β 为某指标的最终确定值；n 为参与调查的样本数；β_i 为样本问卷填写的指标值；γ_i 为样本问卷的权重值。

4.4.5 评价指标确定

通过前期数据清洗和权重系数消噪，获得价值性较高的数据。针对构建的评价模型，采用层次分析法计算评价指标体系中的各指标因素相对于温控方案的重要性总排序权重，其主要计算过程参考第3章的公式。

通过上述处理，对各指标进行评分，例如调查问卷中对于经济合理性与工期节省性、技术科学性、效果可靠性、风险管控性以及环境影响性的评分，经过处理后，其统计数据如图4.6所示。

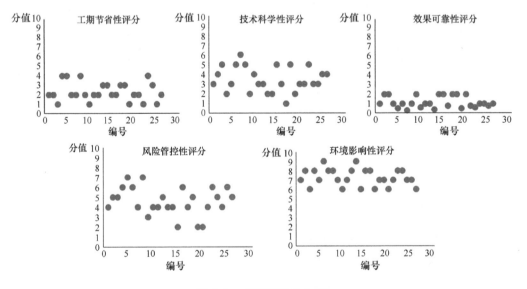

图4.6　指标评价分布图

按照上述处理方法，对各指标矩阵的确定如表4.5～表4.12所示。

4 多目标温控方案评价实例

目标层判断矩阵及一致性　　　　　表4.5

准则	经济合理性	工期节省性	技术科学性	效果可靠性	风险管控性	环境影响性	w_i
经济合理性	1	2.3	3.5	1.2	4.6	7.3	0.33
工期节省性	0.4	1	2.6	0.8	3.3	5.2	0.20
技术科学性	0.3	0.4	1	0.5	2.5	4.3	0.12
效果可靠性	0.8	1.3	2	1	4.9	7.4	0.26
风险管控性	0.2	0.3	0.4	0.2	1	2.2	0.06
环境影响性	0.1	0.2	0.2	0.1	0.5	1	0.03

其中，$\lambda_{max}=5.9856$，$CI=0.0029$，$CR=0.0023<0.1$，符合一致性检验要求。

经济合理性判断矩阵及一致性　　　　　表4.6

指标	材料成本	人工成本	机械成本	措施成本	w_i
材料成本	1	0.5	0.3	0.7	0.12
人工成本	2	1	0.6	3.3	0.30
机械成本	3.3	1.7	1	4.1	0.46
措施成本	1.4	0.3	0.2	1	0.12

其中，$\lambda_{max}=4.0239$，$CI=0.008$，$CR=0.0088<0.1$，符合一致性检验要求。

工期节省性判断矩阵及一致性　　　　　表4.7

指标	人工时间	机械时间	w_i
人工时间	1	0.8	0.44
机械时间	1.3	1	0.56

其中，$\lambda_{max}=2.0198$，$CR=0$，符合一致性检验要求。

技术科学性判断矩阵及一致性　　　　　表4.8

指标	技术可行性	施工难易程度	技术可靠性	w_i
技术可行性	1	0.6	0.5	0.22
施工难易程度	1.7	1	1.5	0.43
技术可靠性	2	0.7	1	0.35

其中，$\lambda_{max}=3.0576$，$CR=0.0497<0.1$，符合一致性检验要求。

效果可靠性判断矩阵及一致性　　　　　表4.9

指标	温控效果	浇筑质量	w_i
温控效果	1	4.4	0.82
浇筑质量	0.2	1	0.18

其中，$\lambda_{max}=1.9381$，$CR=0$，符合一致性检验要求。

风险管控性判断矩阵及一致性　　　　　表4.10

指标	风险程度	可控程度	w_i
风险程度	1	3.2	0.77
可控程度	0.3	1	0.23

其中，$\lambda_{max}=1.9798$，$CR=0$，符合一致性检验要求。

环境影响性判断矩阵及一致性　　　　　表4.11

指标	废料污染	其他影响	w_i
废料污染	1	0.2	0.17
其他影响	5	1	0.83

其中，$\lambda_{max}=2$，$CR=0$，符合一致性检验要求。

指标层对于目标层的总排序权重　　　　表4.12

指标层	经济合理性 0.33	工期节省性 0.20	技术科学性 0.12	效果可靠性 0.26	风险管控性 0.06	环境影响性 0.03	总排序权重
材料成本	0.12						0.040
人工成本	0.3						0.099
机械成本	0.46						0.152
措施成本	0.12						0.040
人工时间		0.44					0.088
机械时间		0.56					0.112
技术可行性			0.22				0.026
施工难易程度			0.43				0.052
技术可靠性			0.35				0.042
温控效果				0.82			0.213

续表

指标层	经济合理性 0.33	工期节省性 0.20	技术科学性 0.12	效果可靠性 0.26	风险管控性 0.06	环境影响性 0.03	总排序权重
浇筑质量				0.18			0.047
风险程度					0.77		0.046
可控程度					0.23		0.014
废料污染						0.17	0.005
其他影响						0.83	0.025

其中,指标层对于目标层的一致性检验需利用以下公式:

$$CR = \sum_{i=1}^{m} a_i CI_i \Big/ \sum_{i=1}^{m} a_i RI_i \tag{4.4}$$

式中:a_i 为准则层的权值;CI_i 为一致性判断指标;RI_i 为判断矩阵的随机一致性比率。

代入公式得 $CR = 0.078 < 0.1$,符合一致性检验要求。

4.4.6 优选方案评价

根据已经确定的温控方案因素集的权重,整理结果如下:

$a'_1 = (0.040, 0.099, 0.152, 0.040)$;

$a'_2 = (0.088, 0.112)$;

$a'_3 = (0.026, 0.052, 0.042)$;

$a'_4 = (0.213, 0.047)$;

$a'_5 = (0.046, 0.014)$;

$a'_6 = (0.005, 0.025)$;

$a = (a_1, a_2, a_3, a_4, a_5, a_6) = (0.33, 0.20, 0.12, 0.26, 0.06, 0.03)$。

温控方案的优选模糊评判表,运用模糊统计法与模糊分析法,根据之前分析的定性指标评价与定量指标评价,结合专家评选计算分值。

针对专家对方案的各个指标的评价,评语数目越多,等级划分得越细,评价结果就越准确,但是与此同时,计算过程就越繁琐,为了结果的准确性和计算的简易性,应该选择适当数量的评价集。一般选取五个评价数,评语集为很好、较好、一般、较差、很差,对应的等级矩阵(即量化分值)为 $C = (5, 4, 3, 2, 1)$。对于材料成本、人工成本、机械成本、措施成本、人工时间、机械时间、技术可行性、施工难易程度、技术可靠性、温控效果、混凝土浇筑质量、施工造成的风险程度、风险的可控程度、施工废料对环境影响以及其他影响的评价指标，分别用 U_{11}、U_{12}、U_{13}、U_{14}、U_{21}、U_{22}、U_{31}、U_{32}、U_{33}、U_{41}、U_{42}、U_{51}、U_{52}、U_{61}、U_{62} 表示。

专家的评判结果如表 4.13～表 4.15 所示。

温控方案专家打分统计表一　　　　　　　　　　　　　　　表 4.13

指标	拌和制冷					铺设水管					分层浇筑				
	很好	较好	一般	较差	很差	很好	较好	一般	较差	很差	很好	较好	一般	较差	很差
U_{11}	0	0	0	0.7	0.3	0	0	0	0.4	0.6	0.7	0.2	0.1	0	0
U_{12}	0	0.2	0.8	0	0	0	0	0.2	0.7	0.1	0	0.1	0.6	0.3	0
U_{13}	0.6	0.2	0.2	0	0	0	0.5	0.5	0	0	0	0.3	0.2	0.5	0
U_{14}	0	0	0	0.8	0.2	0	0	0.7	0.3	0	0	0	0.2	0.8	0
U_{21}	0	0	0.5	0.5	0	0	0	0.1	0.7	0.2	0.1	0.7	0.2	0	0
U_{22}	0	0	0.6	0.2	0	0.5	0	0.5	0	0	0	0.4	0	0.6	0
U_{31}	0	0	0.3	0.6	0.1	0	0	0.3	0.7	0	0	0.2	0	0.8	0
U_{32}	0	0	0.1	0	0.9	0	0	0.6	0.2	0.2	0.4	0.6	0	0	0
U_{33}	0	0	0	0.5	0.5	0	0	0	0.5	0.5	0	0	0.1	0.9	0
U_{41}	0	0	0	0.3	0.7	0	0	0.1	0.7	0.2	0	0.2	0.2	0.6	0
U_{42}	0	0	0.1	0.1	0.8	0	0.2	0.8	0	0	0.6	0	0.4	0	0
U_{51}	0	0	0	0.4	0.6	0	0	0.2	0.7	0.1	0	0	0.3	0.7	0
U_{52}	0	0.2	0.2	0	0.6	0	0.5	0.1	0.4	0	0	0	0.8	0	0.2
U_{61}	0	0.2	0.5	0.3	0	0	0	0.2	0.6	0.2	0.6	0	0.2	0	0.2
U_{62}	0	0.7	0.3	0	0	0	0.2	0.6	0.2	0	0	0.4	0	0.6	0

温控方案专家打分统计表二　　　　　　　　　　　　　　　表 4.14

指标	拌和制冷 + 铺设水管					拌和制冷 + 分层浇筑				
	很好	较好	一般	较差	很差	很好	较好	一般	较差	很差
U_{11}	0	0	0	0.6	0.4	0	0.7	0.2	0.1	0
U_{12}	0	0	0.3	0.7	0	0	0.1	0.6	0.2	0.1
U_{13}	0	0.5	0	0.5	0	0	0	0.5	0.5	0
U_{14}	0	0	0.8	0.2	0	0	0	0.8	0.2	0
U_{21}	0.1	0.9	0	0	0	0	0.7	0.3	0	0
U_{22}	0	0.6	0.4	0	0	0	0.9	0	0	0.1
U_{31}	0	0	0.5	0.5	0	0	0	0.7	0.3	0
U_{32}	0	0	0	0.6	0.4	0	0.2	0.6	0	0.2

续表

指标	拌和制冷+铺设水管					拌和制冷+分层浇筑				
	很好	较好	一般	较差	很差	很好	较好	一般	较差	很差
U_{33}	0	0	0.9	0	0.1	0	0	0.6	0	0.4
U_{41}	0	0.5	0.5	0	0	0	0	0.8	0.2	0
U_{42}	0	0	0	0.2	0.8	0	0.4	0.6	0	0
U_{51}	0	0	0.6	0	0.4	0	0	0.5	0.2	0.3
U_{52}	0	0.6	0.2	0.1	0.1	0	0.2	0.6	0.1	0.1
U_{61}	0	0.2	0.5	0.2	0.1	0	0.5	0.3	0.2	0
U_{62}	0	0	0.7	0	0.3	0	0.2	0.3	0.5	0

温控方案专家打分统计表三　　　　表 4.15

指标	铺设水管+分层浇筑					拌和制冷+铺设水管+分层浇筑				
	很好	较好	一般	较差	很差	很好	较好	一般	较差	很差
U_{11}	0	0.1	0.9	0	0	0	0	0.5	0.5	0
U_{12}	0	0.5	0	0.5	0	0	0	0	0.6	0.4
U_{13}	0	0.4	0.6	0	0	0	0	0.2	0.5	0.3
U_{14}	0	0.2	0.4	0.4	0	0	0	0.4	0.4	0.2
U_{21}	0.2	0	0.3	0.5	0	0	0.1	0.4	0.5	0
U_{22}	0.4	0	0.6	0	0	0	0.2	0	0.6	0.2
U_{31}	0	0.8	0.2	0	0	0	0	0.4	0.3	0.3
U_{32}	0.4	0	0.6	0	0	0	0	0.2	0.8	0
U_{33}	0.3	0.7	0	0	0	0	0.6	0	0	0
U_{41}	0.8	0	0.2	0	0	0.8	0.2	0	0	0
U_{42}	0.2	0.7	0.1	0	0	0	0.2	0.4	0	0.4
U_{51}	0.6	0.4	0	0	0	0.6	0.4	0	0	0
U_{52}	0.2	0.7	0.1	0	0	0.5	0	0	0.2	0.3
U_{61}	0.3	0.2	0.5	0	0	0	0.5	0	0.5	0
U_{62}	0	0.3	0	0.7	0	0	0.2	0.2	0	0.6

1）拌和制冷方案

根据上表列出的对指标的评判，得出模糊评判矩阵 R'_i 如下，计算加权平均型算子，计算结果如下：

$$R'_1 = \begin{bmatrix} 0 & 0 & 0 & 0.7 & 0.3 \\ 0 & 0.2 & 0.8 & 0 & 0 \\ 0.6 & 0.2 & 0.2 & 0 & 0 \\ 0 & 0 & 0 & 0.8 & 0.2 \end{bmatrix}$$

$$R'_2 = \begin{bmatrix} 0 & 0 & 0.5 & 0.5 & 0 \\ 0 & 0 & 0.6 & 0.2 & 0.2 \end{bmatrix}$$

$$R'_3 = \begin{bmatrix} 0 & 0 & 0.3 & 0.6 & 0.1 \\ 0 & 0 & 0.1 & 0 & 0.9 \\ 0 & 0 & 0 & 0.5 & 0.5 \end{bmatrix}$$

$$R'_4 = \begin{bmatrix} 0 & 0 & 0 & 0.3 & 0.7 \\ 0 & 0 & 0.1 & 0.1 & 0.8 \end{bmatrix}$$

$$R'_5 = \begin{bmatrix} 0 & 0 & 0 & 0.4 & 0.6 \\ 0 & 0.2 & 0.2 & 0 & 0.6 \end{bmatrix}$$

$$R'_6 = \begin{bmatrix} 0 & 0.2 & 0.5 & 0.3 & 0 \\ 0 & 0.7 & 0.3 & 0 & 0 \end{bmatrix}$$

$$R = \begin{bmatrix} R_1 \\ R_2 \\ R_3 \\ R_4 \\ R_5 \\ R_6 \end{bmatrix} = \begin{bmatrix} a'_1 R'_1 \\ a'_2 R'_2 \\ a'_3 R'_3 \\ a'_4 R'_4 \\ a'_5 R'_5 \\ a'_6 R'_6 \end{bmatrix} = \begin{bmatrix} 0.0917 & 0.0504 & 0.1098 & 0.0600 & 0.0201 \\ 0 & 0 & 0.1102 & 0.0658 & 0.0222 \\ 0 & 0 & 0.0129 & 0.0366 & 0.0705 \\ 0 & 0 & 0.0046 & 0.0686 & 0.1858 \\ 0 & 0.0028 & 0.0028 & 0.0184 & 0.0360 \\ 0 & 0.0190 & 0.0103 & 0.0015 & 0 \end{bmatrix}$$

$b = a \cdot R = (0.0304, 0.0175, 0.0615, 0.0563, 0.0698)$

评语等级矩阵为 $C = (5,4,3,2,1)$，所以此方案得分值为：

$$D_1 = b \cdot c^T = 0.5891$$

2）铺设水管方案

$$R'_1 = \begin{bmatrix} 0 & 0 & 0 & 0.4 & 0.6 \\ 0 & 0 & 0.2 & 0.7 & 0.1 \\ 0 & 0.5 & 0.5 & 0 & 0 \\ 0 & 0 & 0.7 & 0.3 & 0 \end{bmatrix}$$

$$R'_2 = \begin{bmatrix} 0 & 0 & 0.1 & 0.7 & 0.2 \\ 0.5 & 0 & 0.5 & 0 & 0 \end{bmatrix}$$

$$R'_3 = \begin{bmatrix} 0 & 0 & 0.3 & 0.7 & 0 \\ 0 & 0 & 0.6 & 0.2 & 0.2 \\ 0 & 0 & 0 & 0.5 & 0.5 \end{bmatrix}$$

$$R'_4 = \begin{bmatrix} 0 & 0 & 0.1 & 0.7 & 0.2 \\ 0 & 0.2 & 0.8 & 0 & 0 \end{bmatrix}$$

$$R'_5 = \begin{bmatrix} 0 & 0 & 0.2 & 0.7 & 0.1 \\ 0 & 0.5 & 0.1 & 0.4 & 0 \end{bmatrix}$$

$$R'_6 = \begin{bmatrix} 0 & 0 & 0.2 & 0.6 & 0.2 \\ 0 & 0.2 & 0.6 & 0.2 & 0 \end{bmatrix}$$

$$R = \begin{bmatrix} R_1 \\ R_2 \\ R_3 \\ R_4 \\ R_5 \\ R_6 \end{bmatrix} = \begin{bmatrix} a'_1 R'_1 \\ a'_2 R'_2 \\ a'_3 R'_3 \\ a'_4 R'_4 \\ a'_5 R'_5 \\ a'_6 R'_6 \end{bmatrix} = \begin{bmatrix} 0 & 0.0764 & 0.1237 & 0.0975 & 0.0344 \\ 0.0555 & 0 & 0.0643 & 0.0610 & 0.0174 \\ 0 & 0 & 0.0388 & 0.0496 & 0.0316 \\ 0 & 0.0091 & 0.0578 & 0.1493 & 0.0427 \\ 0 & 0.0070 & 0.0106 & 0.0377 & 0.0046 \\ 0 & 0.0051 & 0.0165 & 0.0082 & 0.0010 \end{bmatrix}$$

$b = a \cdot R = (0.0110, 0.0283, 0.0746, 0.0916, 0.0300)$

评语等级矩阵为 $C = (5,4,3,2,1)$，所以此方案得分值为：

$$D_1 = b \cdot c^T = 0.6052$$

3）分层浇筑方案

$$R'_1 = \begin{bmatrix} 0.7 & 0.2 & 0.1 & 0 & 0 \\ 0 & 0.1 & 0.6 & 0.3 & 0 \\ 0 & 0.3 & 0.2 & 0.5 & 0 \\ 0 & 0 & 0.2 & 0.8 & 0 \end{bmatrix}$$

$$R'_2 = \begin{bmatrix} 0.1 & 0.7 & 0.2 & 0 & 0 \\ 0 & 0.4 & 0 & 0.6 & 0 \end{bmatrix}$$

$$R'_3 = \begin{bmatrix} 0 & 0.2 & 0 & 0.8 & 0 \\ 0.4 & 0.6 & 0 & 0 & 0 \\ 0 & 0 & 0.1 & 0.9 & 0 \end{bmatrix}$$

$$R'_4 = \begin{bmatrix} 0 & 0.2 & 0.2 & 0.6 & 0 \\ 0.6 & 0 & 0.4 & 0 & 0 \end{bmatrix}$$

$$R'_5 = \begin{bmatrix} 0 & 0 & 0.3 & 0.7 & 0 \\ 0 & 0 & 0.8 & 0 & 0.2 \end{bmatrix}$$

$$R'_6 = \begin{bmatrix} 0.6 & 0 & 0.2 & 0 & 0.2 \\ 0 & 0.4 & 0 & 0.6 & 0 \end{bmatrix}$$

$$R = \begin{bmatrix} R_1 \\ R_2 \\ R_3 \\ R_4 \\ R_5 \\ R_6 \end{bmatrix} = \begin{bmatrix} a'_1 R'_1 \\ a'_2 R'_2 \\ a'_3 R'_3 \\ a'_4 R'_4 \\ a'_5 R'_5 \\ a'_6 R'_6 \end{bmatrix} = \begin{bmatrix} 0.0286 & 0.0639 & 0.1020 & 0.1375 & 0 \\ 0.0087 & 0.1054 & 0.0174 & 0.0667 & 0 \\ 0.0208 & 0.0363 & 0.0043 & 0.0588 & 0 \\ 0.0273 & 0.0427 & 0.0609 & 0.1280 & 0 \\ 0 & 0 & 0.0250 & 0.0321 & 0.0028 \\ 0.0031 & 0.0103 & 0.0010 & 0.0154 & 0.0010 \end{bmatrix}$$

$$b = a \cdot R = (0.0209, 0.0578, 0.0551, 0.1015, 0.0002)$$

评语等级矩阵为 $C = (5,4,3,2,1)$，所以此方案得分值为：

$$D_1 = b \cdot c^T = 0.7043$$

4）拌和制冷 + 铺设水管方案

$$R'_1 = \begin{bmatrix} 0 & 0 & 0 & 0.6 & 0.4 \\ 0 & 0 & 0.3 & 0.7 & 0 \\ 0 & 0.5 & 0 & 0.5 & 0 \\ 0 & 0 & 0.8 & 0.2 & 0 \end{bmatrix}$$

$$R'_2 = \begin{bmatrix} 0.1 & 0.9 & 0 & 0 & 0 \\ 0 & 0.6 & 0.4 & 0 & 0 \end{bmatrix}$$

$$R'_3 = \begin{bmatrix} 0 & 0 & 0.5 & 0.5 & 0 \\ 0 & 0 & 0 & 0.6 & 0.4 \\ 0 & 0 & 0.9 & 0 & 0.1 \end{bmatrix}$$

$$R'_4 = \begin{bmatrix} 0 & 0.5 & 0.5 & 0 & 0 \\ 0 & 0 & 0 & 0.2 & 0.8 \end{bmatrix}$$

$$R'_5 = \begin{bmatrix} 0 & 0 & 0.6 & 0 & 0.4 \\ 0 & 0.6 & 0.2 & 0.1 & 0.1 \end{bmatrix}$$

$$R'_6 = \begin{bmatrix} 0 & 0.2 & 0.5 & 0.2 & 0.1 \\ 0 & 0 & 0.7 & 0 & 0.3 \end{bmatrix}$$

$$R = \begin{bmatrix} R_1 \\ R_2 \\ R_3 \\ R_4 \\ R_5 \\ R_6 \end{bmatrix} = \begin{bmatrix} a'_1 R'_1 \\ a'_2 R'_2 \\ a'_3 R'_3 \\ a'_4 R'_4 \\ a'_5 R'_5 \\ a'_6 R'_6 \end{bmatrix} = \begin{bmatrix} 0 & 0.0764 & 0.0611 & 0.1782 & 0.0164 \\ 0.0087 & 0.1451 & 0.0444 & 0 & 0 \\ 0 & 0 & 0.0511 & 0.0439 & 0.0250 \\ 0 & 0.1067 & 0.1067 & 0.0091 & 0.0364 \\ 0 & 0.0084 & 0.0303 & 0.0014 & 0.0198 \\ 0 & 0.0010 & 0.0206 & 0.0010 & 0.0082 \end{bmatrix}$$

$b = a \cdot R = (0.0017, 0.0823, 0.0653, 0.0669, 0.0193)$

评语等级矩阵为 $C = (5,4,3,2,1)$，所以此方案得分值为：

$$D_1 = b \cdot c^{\mathrm{T}} = 0.6868$$

5）拌和制冷 + 分层浇筑方案

$$R'_1 = \begin{bmatrix} 0 & 0.7 & 0.2 & 0.1 & 0 \\ 0 & 0.1 & 0.6 & 0.2 & 0.1 \\ 0 & 0 & 0.5 & 0.5 & 0 \\ 0 & 0 & 0.8 & 0.2 & 0 \end{bmatrix}$$

$$R'_2 = \begin{bmatrix} 0 & 0.7 & 0.3 & 0 & 0 \\ 0 & 0 & 0.9 & 0 & 0.1 \end{bmatrix}$$

$$R'_3 = \begin{bmatrix} 0 & 0 & 0.7 & 0.3 & 0 \\ 0 & 0.2 & 0.6 & 0 & 0.2 \\ 0 & 0 & 0.6 & 0 & 0.4 \end{bmatrix}$$

$$R'_4 = \begin{bmatrix} 0 & 0 & 0.8 & 0.2 & 0 \\ 0 & 0.4 & 0.6 & 0 & 0 \end{bmatrix}$$

$$R'_5 = \begin{bmatrix} 0 & 0 & 0.5 & 0.2 & 0.3 \\ 0 & 0.2 & 0.6 & 0.1 & 0.1 \end{bmatrix}$$

$$R'_6 = \begin{bmatrix} 0 & 0.5 & 0.3 & 0.2 & 0 \\ 0 & 0.2 & 0.3 & 0.5 & 0 \end{bmatrix}$$

$$R = \begin{bmatrix} R_1 \\ R_2 \\ R_3 \\ R_4 \\ R_5 \\ R_6 \end{bmatrix} = \begin{bmatrix} a'_1 R'_1 \\ a'_2 R'_2 \\ a'_3 R'_3 \\ a'_4 R'_4 \\ a'_5 R'_5 \\ a'_6 R'_6 \end{bmatrix} = \begin{bmatrix} 0 & 0.0385 & 0.1754 & 0.1082 & 0.0099 \\ 0 & 0.0610 & 0.1261 & 0 & 0.0111 \\ 0 & 0.0104 & 0.0746 & 0.0077 & 0.0274 \\ 0 & 0.0182 & 0.1980 & 0.0427 & 0 \\ 0 & 0.0028 & 0.0314 & 0.0106 & 0.0152 \\ 0 & 0.0077 & 0.0093 & 0.0139 & 0 \end{bmatrix}$$

$b = a \cdot R = (0, 0.0313, 0.1456, 0.0489, 0.0097)$

评语等级矩阵为 $C = (5, 4, 3, 2, 1)$，所以此方案得分值为：

$$D_1 = b \cdot c^T = 0.6695$$

6）铺设水管+分层浇筑方案

$$R'_1 = \begin{bmatrix} 0 & 0.1 & 0.9 & 0 & 0 \\ 0 & 0.5 & 0 & 0.5 & 0 \\ 0 & 0.4 & 0.6 & 0 & 0 \\ 0 & 0.2 & 0.4 & 0.4 & 0 \end{bmatrix}$$

$$R'_2 = \begin{bmatrix} 0.2 & 0 & 0.3 & 0.5 & 0 \\ 0.4 & 0 & 0.6 & 0 & 0 \end{bmatrix}$$

$$R'_3 = \begin{bmatrix} 0 & 0.8 & 0.2 & 0 & 0 \\ 0.4 & 0 & 0.6 & 0 & 0 \\ 0.3 & 0.7 & 0 & 0 & 0 \end{bmatrix}$$

$$R'_4 = \begin{bmatrix} 0.8 & 0 & 0.2 & 0 & 0 \\ 0.2 & 0.7 & 0.1 & 0 & 0 \end{bmatrix}$$

$$R'_5 = \begin{bmatrix} 0.6 & 0.4 & 0 & 0 & 0 \\ 0.2 & 0.7 & 0.1 & 0 & 0 \end{bmatrix}$$

$$R'_6 = \begin{bmatrix} 0.3 & 0.2 & 0.5 & 0 & 0 \\ 0 & 0.3 & 0 & 0.7 & 0 \end{bmatrix}$$

$$R = \begin{bmatrix} R_1 \\ R_2 \\ R_3 \\ R_4 \\ R_5 \\ R_6 \end{bmatrix} = \begin{bmatrix} a'_1 R'_1 \\ a'_2 R'_2 \\ a'_3 R'_3 \\ a'_4 R'_4 \\ a'_5 R'_5 \\ a'_6 R'_6 \end{bmatrix} = \begin{bmatrix} 0 & 0.1226 & 0.1442 & 0.0652 & 0 \\ 0.0619 & 0 & 0.0928 & 0.0436 & 0 \\ 0.0335 & 0.0503 & 0.0363 & 0 & 0 \\ 0.1798 & 0.0319 & 0.0472 & 0 & 0 \\ 0.0303 & 0.0282 & 0.0014 & 0 & 0 \\ 0.0015 & 0.0087 & 0.0026 & 0.0180 & 0 \end{bmatrix}$$

$\boldsymbol{b} = \boldsymbol{a} \cdot \boldsymbol{R} = (0.0647, 0.0570, 0.0830, 0.0309, 0)$

评语等级矩阵为 $\boldsymbol{C} = (5,4,3,2,1)$,所以此方案得分值为:

$$D_1 = \boldsymbol{b} \cdot \boldsymbol{c}^{\mathrm{T}} = 0.8620$$

7) 拌和制冷 + 铺设水管 + 分层浇筑方案

$$R'_1 = \begin{bmatrix} 0 & 0 & 0.5 & 0.5 & 0 \\ 0 & 0 & 0 & 0.6 & 0.4 \\ 0 & 0 & 0.2 & 0.5 & 0.3 \\ 0 & 0 & 0.4 & 0.4 & 0.2 \end{bmatrix}$$

$$R'_2 = \begin{bmatrix} 0 & 0.1 & 0.4 & 0.5 & 0 \\ 0 & 0.2 & 0 & 0.6 & 0.2 \end{bmatrix}$$

$$R'_3 = \begin{bmatrix} 0 & 0 & 0.4 & 0.3 & 0.3 \\ 0 & 0 & 0.2 & 0.8 & 0 \\ 0 & 0.6 & 0 & 0.2 & 0 \end{bmatrix}$$

$$R'_4 = \begin{bmatrix} 0.8 & 0.2 & 0 & 0 & 0 \\ 0 & 0.2 & 0.4 & 0 & 0.4 \end{bmatrix}$$

$$R'_5 = \begin{bmatrix} 0.6 & 0 & 0.4 & 0 & 0 \\ 0.5 & 0 & 0 & 0.2 & 0.3 \end{bmatrix}$$

$$R'_6 = \begin{bmatrix} 0 & 0.5 & 0 & 0.5 & 0 \\ 0 & 0.2 & 0.2 & 0 & 0.6 \end{bmatrix}$$

$$R = \begin{bmatrix} R_1 \\ R_2 \\ R_3 \\ R_4 \\ R_5 \\ R_6 \end{bmatrix} = \begin{bmatrix} a'_1 R'_1 \\ a'_2 R'_2 \\ a'_3 R'_3 \\ a'_4 R'_4 \\ a'_5 R'_5 \\ a'_6 R'_6 \end{bmatrix} = \begin{bmatrix} 0 & 0 & 0.0667 & 0.1720 & 0.0933 \\ 0 & 0.0309 & 0.0349 & 0.1102 & 0.0222 \\ 0 & 0.0255 & 0.0206 & 0.0577 & 0.0077 \\ 0.1707 & 0.0518 & 0.0182 & 0 & 0.0182 \\ 0.0346 & 0 & 0.0184 & 0.0028 & 0.0042 \\ 0 & 0.0077 & 0.0051 & 0.0026 & 0.0154 \end{bmatrix}$$

$b = a \cdot R = (0.0462, 0.0228, 0.0375, 0.0861, 0.0418)$

评语等级矩阵为 $C = (5,4,3,2,1)$，所以此方案得分值为：

$$D_1 = b \cdot c^T = 0.6491$$

4.4.7 优选方案确定

通过层次分析法和模糊综合评价法得出不同方案的评价得分，如表4.16所示。

不同方案的评价得分表　　　　　　表4.16

方案编号	方案1	方案2	方案3	方案4	方案5	方案6	方案7
评价分值	0.5891	0.6052	0.7043	0.6868	0.6695	0.8620	0.6491

对不同施工方案进行比较，其评价结果为：方案6＞方案3＞方案4＞方案5＞方案7＞方案2＞方案1，最终确定施工方案为方案6，即冷却水管＋分层浇筑的施工方案。

4.5 温控方案确定

4.5.1 实例对象选取

此次工程实例的大体积混凝土施工中，泵房底板浇筑体量最大，其泵房段底板长度为92.25m，宽度为30.00m，泵房段浇筑厚度为4.94m，齿槽处厚度为6.44m。通过初步方案的比较，确定该段混凝土的浇筑方案为分层浇筑＋冷却水管。

由于泵房段底板的浇筑面积大，混凝土浇筑厚度大，因此，需要确定合理的分层浇筑方法。考虑混凝土浇筑体积大，拟采用分块+分层的浇筑方法，对于浇筑长度方向进行分块，而在厚度方向进行分层浇筑，为保证施工过程中的温控要求，并考虑对施工风险的控制，在浇筑混凝土块体内布置冷却水管。

4.5.2 温控方案比选

1）分层浇筑方案

根据分块分层浇筑思路，对于分块而言，考虑浇筑长度92.25m，如果分2块，则不利于散热，分4块则会明显影响施工进度，在此基础上，确定分为3块，即左联、中联、右联共3块；厚度方向的分层初步拟定为2层或3层：

（1）对于2层的浇筑方案，初步拟定下层浇筑厚度3m，上层浇筑厚度1.94m；

（2）对于3层的浇筑方案，由于设置3层浇筑，已经充分散热，考虑减少冷却水管布置，因此选择第1层浇筑厚度1.8m，第2层浇筑厚度1.8m，第3层浇筑厚度为1.34m。

2）冷却水管方案

对于冷却水管的铺设，需要考虑水管的材质、层数、管径、管距、通水流量、冷却水温、水管布置形式等，其中各项选取如下：

（1）水管材质：可以选择金属管，如铁管、铝合金管，也可以选择塑料管，考虑金属管道造价相对较高，应用较少，因此确定选择温控施工中常用的高密度聚乙烯（HDPE）材质；

（2）层数：冷却水管布置层数与混凝土厚度有关，根据工程情况，浇筑厚度小于2m时，在混凝土中间铺设一层冷却水管，布设水平间距适当加大；浇筑厚度大于2m时，铺设两层冷却水管，间距适当缩小；

（3）管径及壁厚：增大管径、减小壁厚可加大通水流量，加快冷却速度，但管径的增加使管材消耗增加较多，结合此次温控施工，选择通用水管尺寸，确定冷却水管内径为32mm，壁厚为2mm；

（4）管距：增大管距可以有效节省工程造价，但是会影响温控效果，因此，确定合理管距要考虑温控效果、造价等多方面的因素；

（5）通水流量：通水流量主要影响通水流速，从而影响冷却效果，一般情况下，水管布置疏松，可以适当加大通水流量，水管布置稠密，可以适当减少通水流量；

(6)冷却水温:冷却水温的选择主要与混凝土内部温度有关,应注意温差,并在有条件的情况下适时调整;

(7)布置形式:对于一般的水管布置形式可以选择梅花形、井字形和蛇形,考虑施工难易程度和温控效果,初步选择蛇形进行布置。

对冷却水管进行方案比选,其方案比较如表4.17所示。

冷却水管方案比较表 表4.17

水管性能要求	选择结论
水管材质	高密度聚乙烯(HDPE)
水管管径	内径32mm、壁厚2mm
层数	根据浇筑层厚度
管距	视温控需求
通水流量	视温控需求
冷却水温	适时调整
布置形式	蛇形

根据上述比较,最终确定方案比选结果如表4.18所示。

泵房段温控施工方案表 表4.18

方案	分层浇筑方案	冷却水管方案		
		水管层数	水管间距(m)	通水流量(L/min)
方案1	2层3块,下层浇筑3m,上层浇筑1.94m	下层布置2层水管,上层布置1层水管	0.8	20
方案2			1	30
方案3			1.2	40
方案4	3层3块,下层浇筑1.8m,中层浇筑1.8m,上层浇筑1.34m	下层和中层均布置1层水管	0.6	20
方案5			0.8	30
方案6			1	40

4.5.3 方案温控仿真

1)材料计算参数

此次泵房底板浇筑混凝土等级为C30W4F150,级配为二级,其配比如表4.19所示。

4 多目标温控方案评价实例

混凝土配比表　　　　　　　　　　　　　表 4.19

1m³ 混凝土材料用量 （kg/m³）								
水	水泥	粉煤灰	矿粉	砂	D20	D40	减水剂	引气剂
157	215	71	71	713	451	677	3.94	0.07

注：表中 D 代表粗骨料的最大粒径。

由上述配比，根据相应的试验资料可得混凝土热学参数如表 4.20 所示。

混凝土热学参数　　　　　　　　　　　　表 4.20

混凝土	导热系数 [kJ/(m·d·℃)]	比热 [kJ/(kg·℃)]	密度 (kg/m³)	放热系数 [kJ/(m²·d·℃)]	线膨胀系数 (1/℃)
C25	246.46	0.91	2359.01	1514	9×10^{-6}

在混凝土浇筑结束后，其表面通过覆盖保温材料进行养护，其热学性质和尺寸与混凝土相差过大，可采用等效放热系数法进行处理，处理后的 β_s 可按下式计算：

$$\beta_s = \frac{1}{(1/\beta) + \sum (h_i/\lambda_i)} \tag{4.5}$$

式中：β 为保温层在空气介质中的放热系数；h_i 为保温层厚度；λ_i 为其导热系数。

根据初拟施工方案，混凝土养护模板采用组合钢模板覆盖保温材料进行养护，确定混凝土表层保温材料的放热系数为 424.6 kJ/(m²·d·℃)。

混凝土的绝热温升可以表示为：

$$Q(\tau) = Q_0(1 - e^{-a\tau^b}) \tag{4.6}$$

式中：$Q(\tau)$ 为龄期为 τ 时的累积水化热（kJ/kg）；Q_0 为最终水化热（kJ/kg）；τ 为龄期；a,b 为固定系数。其中，混凝土的绝热温升可根据下式计算：

$$\theta(\tau) = \frac{Q(\tau)(W + kF)}{c\rho} \tag{4.7}$$

式中：W 为每立方米混凝土中的水泥含量（kg/m³）；F 为每立方米混凝土中掺合料含量（kg/m³）；k 为折减系数，对于本书的粉煤灰和矿粉，可取 0.25。

根据经验进行计算取值如表 4.21 所示。

混凝土最终水化热及系数取值　　　　　　　　表 4.21

水泥选用品种	Q_0 (kJ/kg)	a	b
普通硅酸盐水泥（强度等级 42.5）	340	0.36	0.74

混凝土的弹性模量是其应力计算的重要参数，是沟通结构应变与应力的主要参数。混凝土在浇筑后，其弹性模量随时间的延长而增加，其增长呈现非线性，可用下式表示：

$$E(\tau) = E_0[1 - \exp(-0.4\tau^{0.34})] \tag{4.8}$$

式中：$E(\tau)$ 为混凝土在龄期为 τ 时的弹性模量（MPa）；$E_0 = 1.45E_{28}$，E_{28} 为混凝土在 28d 时的弹性模量（MPa）。

混凝土属于脆性材料，其抗拉强度远比抗压强度低，只相当于抗压强度的 1/18~1/10，抗压强度越高，其拉压比越低。混凝土结构不出现裂缝的条件是结构出现的拉应力值小于其相应龄期下的抗拉强度，混凝土允许抗拉强度随龄期变化可用下式[3]表示：

$$R_{f(\tau)} = 0.8 R_{f_{28}} (\lg\tau)^{2/3} \tag{4.9}$$

式中：$R_{f(\tau)}$ 为混凝土在龄期为 τ 时的抗拉强度（N/mm²）；$R_{f_{28}}$ 为混凝土在 28d 时的抗拉强度（N/mm²）。

2）温控措施分析

对泵房段底板混凝土浇筑时，需要根据温控要求制定合理的温控方案，其温控方案除水管冷却+分块分层浇筑外，还包括如下措施：

（1）优化混凝土配合比，降低水泥用量

针对泵房段混凝土浇筑尺寸较大，通过试验确定添加粉煤灰、矿渣粉两种掺合料，合理降低水泥用量，降低水泥水化热反应，可有效降低大体积混凝土温升峰值（其最终确定配合比参见上节）。

（2）合理采取措施，降低浇筑温度

降低浇筑温度中最有效的办法是拌和制冷，但是经过上节分析，其综合效益较差，因此，不采用拌和制冷，但是在浇筑过程中注意控制原材料含水率和拌和前的温度，必要时，搭设遮阳棚，减少骨料温度受日气温变化的影响；在混凝土运输中，在运输车外面包裹一层棉帆布，防止混凝土在高温季节运输过程中由于外界温度而倒灌。

（3）合理选择浇筑时间

在浇筑混凝土时考虑日气温较高，充分利用早晚、夜间及阴天气温较低的时段浇筑，尽量避免白天高温时段（10:00~16:00）开盘浇筑混凝土。

(4) 加强混凝土养护

在混凝土模板外覆盖保温材料进行保温养护,必要时通过洒水进行养护。

(5) 合理确定施工工艺

在混凝土浇筑过程中,确定合理的拆模时间,分层浇筑时,要防止老混凝土过冷,减少新老混凝土约束;控制混凝土浇筑层覆盖时间在120min内。

3) 仿真方式选取

ANSYS分析软件是一种集结构学、热学、流体学、电磁学和声学于一体的大型CAE通用有限元软件,具有前后处理、分析求解及强大的非线性分析功能,可以直接用于建模及与实体建模相结合,可以用于温度场和应力场的复杂耦合求解,此次仿真方式选择ANSYS分析软件。

4) 仿真流程及关键技术

根据ANSYS的建模仿真技术可知,其温度场及温度应力仿真计算流程如图4.7所示。

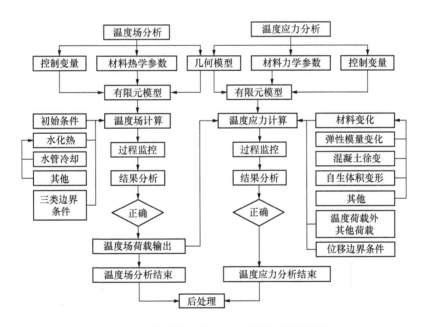

图4.7 温度场及温度应力仿真计算流程图

为实现上述仿真技术,需要对ANSYS应用的关键技术进行分析,其关键技术如下:

(1) 混凝土浇筑过程

混凝土在分层浇筑的过程中体形不断变化，计算时可用单元生死来模拟这一过程。首先根据混凝土的实际浇筑过程建立有限元模型，再按施工工序将新浇筑的混凝土依次激活。在计算时，将混凝土单元按照从基础到顶部的浇筑顺序，分成若干荷载步，依次激活，依此类推，直至最顶层浇筑层浇筑完毕。在计算过程中，随着混凝土单元逐渐激活，相应的自重荷载、由温度场计算得到的相邻时间步的温度荷载也同时施加，从而仿真计算混凝土施工期全过程的温度场和应力场。

(2) 温度初始条件

新浇筑混凝土的初始温度可取为浇筑温度。新浇筑混凝土和老混凝土结合面处的起始温度，采用上下层结点的平均值；地基温度可以采用当地平均气温。

(3) 边界条件

地基部分的边界按绝热边界条件处理，混凝土与基础接触的边界为第四类边界条件，混凝土与空气接触的边界为第三类边界条件。

(4) 水化热

水化热以体积力的形式施加在混凝土单元上，实际计算时取前后两个时间步的水化热之差：$\Delta Q(t) = Q(t_n) - Q(t_{n-1})$。

(5) 水管冷却

对于铺设冷却水管，可将水管冷却的降温作用视为混凝土的吸热，按负水化热处理，在平均意义上考虑水管的冷却效果。

(6) 材料力学性质

温度应力计算时，弹性模量是随时间变化的函数，可根据实际工程的实验资料拟合为合理的函数形式，也可以采用经验公式参考规范进行取值。

5) 仿真建模

在对实例进行温度场的仿真计算时，选取适合模型的 SOLID70 等参数实体单元，该单元为六面体 8 节点，有 x、y、z 方向的热传导功能，单元各节点均有温度自由度，适用于结构的稳态或瞬态热分析。

当计算结构的温度应力场时，可将温度分析单元（SOLID70）转换为等效的结构计算单元（SOLID45），以此实现两者的有效耦合，并将结构的温度荷载传递到结构单元中。SOLID45 单元为 ANSYS 分析软件中对应于 SOLID70 热单元的结构分析单元，其可实现空间固体的结构分析，节点数目为 8 个，各节点均有 x、y、z 三个方向平移的自由度,该单元形式具有蠕变、大应变、塑性、膨胀等功能。

根据泵房底板确定其浇筑模型如图4.8所示。

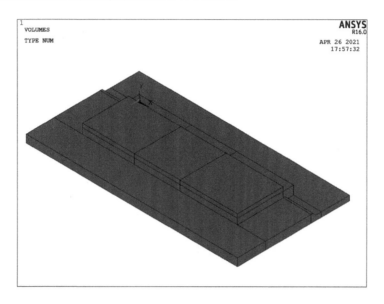

图4.8　泵房底板建模图

根据浇筑顺序,先对泵房底板混凝土进行ANSYS建模,之后采用单元生死依次进行浇筑块的激活,模拟整个浇筑过程。

6)仿真分析

选择方案1作为仿真对象进行仿真分析,其浇筑方案及施工顺序如表4.22所示。

泵房底板施工浇筑顺序　　　　表4.22

序号	后陈楼加压泵站	开始时间	结束时间
1	泵房左联底板下层3m	2021年4月25日	2021年5月4日
2	泵房右联底板下层3m	2021年4月27日	2021年5月11日
3	泵房左联底板上层1.94m	2021年5月6日	2021年5月15日
4	泵房右联底板上层1.94m	2021年5月13日	2021年5月27日
5	泵房中联底板下层3m	2021年5月31日	2021年6月14日
6	泵房中联底板上层1.94m	2021年6月16日	2021年6月30日

其中泵房底板浇筑仿真过程如图4.9~图4.20所示。

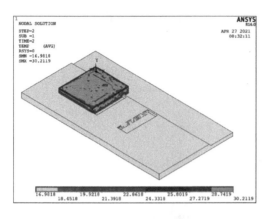

图 4.9　浇筑 2d 左联下层温度场分布图

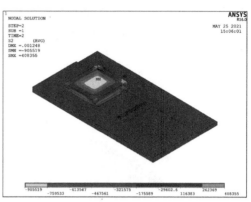

图 4.10　浇筑 2d 左联下层应力场分布图

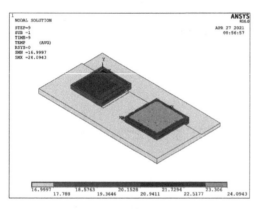

图 4.11　浇筑 11d 右联下层温度场分布图

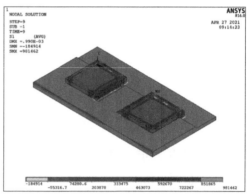

图 4.12　浇筑 11d 右联下层应力场分布图

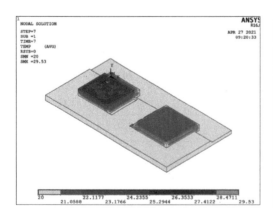

图 4.13　浇筑 18d 左联上层温度场分布图

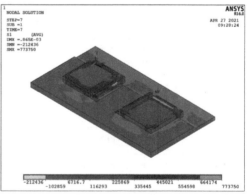

图 4.14　浇筑 18d 左联上层应力场分布图

4 多目标温控方案评价实例

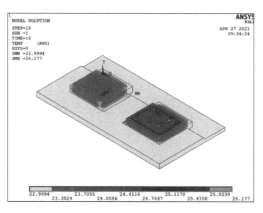

图 4.15　浇筑 36d 右联上层温度场分布图　　　图 4.16　浇筑 36d 右联上层应力场分布图

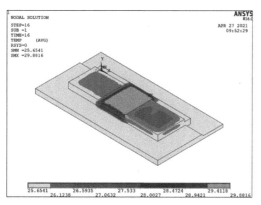

图 4.17　浇筑 52d 中联下层温度场分布图　　　图 4.18　浇筑 52d 中联上层应力场分布图

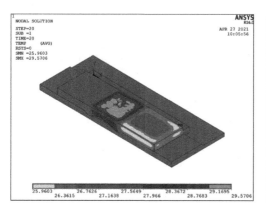
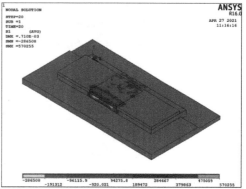

图 4.19　浇筑 66d 中联上层温度场分布图　　　图 4.20　浇筑 66d 中联上层应力场分布图

通过上述仿真分析,对各块混凝土中最大拉应力出现时刻及数值进行分析,其仿真结果如表4.23所示。

方案一温控仿真结果　　　　　　　　　　　　　　表4.23

位置	最大拉应力（MPa）	出现时间（d）	抗拉强度（MPa）	安全系数
左联下层	1.06	14	1.98	1.87
右联下层	1.02	17	1.99	1.95
左联上层	0.84	21	1.66	1.98
右联上层	0.86	27	1.63	1.90
中联下层	1.12	50	1.98	1.77
中联上层	0.92	62	1.66	1.80

对该温控方案进行分析,其最不利工况出现在中联下层混凝土浇筑10d后,即自浇筑时刻起的第50d,其温度拉应力最大值为1.12MPa,此时混凝土的最大温度拉应力出现在混凝土浇筑表面靠近左联和右联的边角处,其主要原因是:混凝土在浇筑过程中出现内外温差,造成混凝土内部由于膨胀受到外部混凝土的约束,从而造成内部出现压应力,而外部出现拉应力,由于边角处距离基础约束较远,基础约束力较弱,因此容易产生较大的拉应力。

对于选定的不同方案依次进行仿真分析,对于方案4~6中的分层分块浇筑方案,其浇筑时间选择如表4.24所示。

三层浇筑的跳仓浇筑假定时间　　　　　　　　　　表4.24

序号	后陈楼加压泵站	开始时间	结束时间
1	泵房左联底板下层1.8m	2021年4月25日	2021年5月5日
2	泵房右联底板下层1.8m	2021年5月3日	2021年5月13日
3	泵房左联底板中层1.8m	2021年5月7日	2021年5月17日
4	泵房右联底板中层1.8m	2021年5月15日	2021年5月25日
5	泵房左联底板上层1.34m	2021年5月19日	2021年5月29日
6	泵房右联底板上层1.34m	2021年5月27日	2021年6月6日
7	泵房中联底板下层1.8m	2021年6月8日	2021年6月18日
8	泵房中联底板中层1.8m	2021年6月20日	2021年6月30日
9	泵房中联底板上层1.34m	2021年7月2日	2021年7月17日

对于不同方案按照跳仓法浇筑,对其温控仿真结果进行分析,其温控仿真结果如表4.25所示。

不同方案的温控仿真结果　　　　　表4.25

方案	最不利工况位置	温度拉应力（MPa）	安全系数
方案1	中联下层	1.12	1.77
方案2	中联下层	1.24	1.60
方案3	中联下层	1.45	1.37
方案4	中联中层	1.46	1.36
方案5	中联中层	1.52	1.31
方案6	中联中层	1.59	1.25

通过上述仿真分析可知，方案1~6均可以保证足够的安全系数，但是两层浇筑+三层水管的浇筑方案（方案1~3）的温度拉应力更小，而相比之下，即便采用三层浇筑，减少水管后，仍会导致温度拉应力的增加。这主要是由于：水管的散热作用强于分层浇筑的散热作用，布置水管后，水管在初期带走热量，可以降低混凝土内部温度，分三层浇筑时，虽然也布置水管，但是其冷却降温效果减弱，导致其温度拉应力有一定的提升。

4.5.4 评价指标计算

对各方案的评价指标确定采用定性+定量相结合的评价方法，考虑方案已经细化，在进行最终方案评价时，以定量评价为主。

1）经济合理性指标

经济合理性指标可以分为材料成本、人工成本、机械成本、措施成本，分别进行定量分析和定性分析。

水管不同间距下的材料成本主要取决于材料耗材的多少，而其人工成本主要取决于其水管长度及铺设长度造成的人工耗费时间，其对比如表4.26、表4.27所示。

水管布设方案材料费用比较　　　　　表4.26

方案	布设方案	水管长度（m）	折弯数量	水管单价（元）	总价（万元）
方案1	间距0.8m	9936	333	4.5	4.47
方案2	间距1m	8109	270	4.5	3.65
方案3	间距1.2m	6804	225	4.5	3.06
方案4	间距0.6m	8712	294	4.5	3.92
方案5	间距0.8m	6624	222	4.5	2.98
方案6	间距1m	5406	180	4.5	2.43

水管布设方案人工费用比较   表4.27

方案	布设方案	水管长度（m）	单米工时（h）	单价（元）	总价（万元）
方案1	间距0.8m	9936	0.08	25	1.99
方案2	间距1m	8109	0.08	25	1.62
方案3	间距1.2m	6804	0.08	25	1.36
方案4	间距0.6m	8712	0.08	25	1.74
方案5	间距0.8m	6624	0.08	25	1.32
方案6	间距1m	5406	0.08	25	1.08

对于通水流量，由于其均需要通水，因此，其成本主要是通水流量的不同，可以进行简单的造价折算，采用通水水量单价进行比较，如表4.28所示。

水管通水流量方案费用比较   表4.28

通水方案（L/min）	单日通水量（m³）	用水单价（元/m³）	通水时间（d）	费用（万元）
20	21.60	2.44	60	0.32
30	28.80	2.44	60	0.42
40	36.00	2.44	60	0.53

对于分层分块浇筑方案，采用两层浇筑或三层浇筑，其水管布设不变，其影响价格的因素主要是：施工模板搭设、混凝土凿毛工作量等，其费用主要是人工费用成本，成本采用估算法，如表4.29所示。

分层方案费用比较   表4.29

方案	施工方法	费用成本估算（万元）
双层浇筑	跳仓法	2
三层浇筑	跳仓法	3

根据上述近似计算，认为机械成本相同，材料成本主要为水管造价，人工成本包括分层的人工成本以及水管布设的人工成本，措施成本为通水费用成本，确定各方案的费用估算如表4.30所示。

4 多目标温控方案评价实例

各方案的经济指标费用比较　　　　表4.30

方案	材料成本（万元）	人工成本（万元）	机械成本	措施成本（万元）
方案1	4.47	3.99	—	0.32
方案2	3.65	3.62	—	0.42
方案3	3.06	3.36	—	0.53
方案4	3.92	4.74	—	0.32
方案5	2.98	4.32	—	0.42
方案6	2.43	4.08	—	0.53

2）工期节省性指标

水管布设时间，可以采用布设工时进行比较分析，分析结果如表4.31所示。

水管布设工时比较　　　　表4.31

方案	布设方案	水管总长度(m)	单米水管工时（h）	工时（h）
方案1	间距0.8m	9936	0.08	795
方案2	间距1m	8109	0.08	649
方案3	间距1.2m	6804	0.08	544
方案4	间距0.6m	8712	0.08	697
方案5	间距0.8m	6624	0.08	530
方案6	间距1m	5406	0.08	432

不同通水流量主要取决于供水压力，其所需时间可以近似认为相等。

此外，对于三层浇筑，由于搭设模板、混凝土凿毛等工作量增加，可以近似认为增加工时的1/3，假定两层浇筑的人工工时为300h，则近似认为三层浇筑的人工工时为400h。

此外，根据仿真结果，为了保证浇筑质量，采用两层浇筑工期为4月25日~6月30日，共计66天；采用三层浇筑工期为4月25日~7月17日，共计83天，总工期延长17天，按照每日平均2个工人、24个小时计算，其总工时延长816h。由于浇筑方量相同，不考虑机械时间，认为上述时间均为人工时间。

按照上述计算得到工期节省性指标如表4.32所示。

各方案的工期节省性指标比较 表4.32

方案	人工时间（h）	机械时间
方案1	1095	—
方案2	949	—
方案3	844	—
方案4	1913	—
方案5	1746	—
方案6	1648	—

3）技术科学性指标

对于技术可行性及技术可靠性而言，其均具有一定的可行性和可靠性，主要依据专家经验打分进行决定；对于施工难易程度而言，浇筑层数越少、水管布置间距越稀疏，其施工难度越小。

由于均采用分层浇筑和水管冷却，因此可以近似认为技术可行性和技术可靠性相等，施工难易程度根据分层数、水管布置形式近似估算如表4.33所示。

各方案的技术科学性指标比较 表4.33

方案	技术可行性	施工难易程度	技术可靠性
方案1	—	1.2	—
方案2	—	1.1	—
方案3	—	1.0	—
方案4	—	1.5	—
方案5	—	1.4	—
方案6	—	1.3	—

4）效果可靠性指标

对于温控效果而言，可以选择不同方案的仿真结果中的安全系数作为评判标准；对于浇筑质量而言，水管布置间距越稀疏、通水流量越小，浇筑质量越好；分层越多，浇筑质量越好。

其中温控效果主要依据仿真结果的安全系数，浇筑质量可以按照分层数、水管布置进行估算，如表4.34所示。

各方案的效果可靠性指标比较　　　　　表4.34

方案	温控效果	浇筑质量
方案1	1.77	1.25
方案2	1.60	1.20
方案3	1.37	1.15
方案4	1.36	1.10
方案5	1.31	1.05
方案6	1.25	1.00

5）风险可控性指标

对于风险程度，由于均采用分层浇筑和水管冷却，可以近似认为其风险程度和可控程度相同。

6）环境影响性指标

环境影响性指标中的废料污染，认为水管布设距离越长、折弯越多，影响越大，其影响分析比较如表4.35所示。

水管布置废料污染比较　　　　　表4.35

方案	布设方案	水管总长度（m）	折弯数量	影响系数
方案1	间距0.8m	9936	333	1.84
方案2	间距1m	8109	270	1.50
方案3	间距1.2m	6804	225	1.26
方案4	间距0.6m	8712	294	1.61
方案5	间距0.8m	6624	222	1.23
方案6	间距1m	5406	180	1.00

对于通水流量、分层浇筑可忽略其废料污染的影响。

其他影响主要考虑工时的影响，由于水管布设主要是人工作业，主要考虑分层浇筑的影响程度，其影响指标如表4.36所示。

分层浇筑环境影响指标　　　　　表4.36

指标	影响系数	影响因素
双层浇筑	1	施工作业影响，噪声污染等
三层浇筑	1.25	施工作业影响，噪声污染等

最终确定各方案的环境影响性指标比较如表 4.37 所示。

各方案的环境影响性指标比较　　　　　　　　表 4.37

方案	废料污染	其他影响
方案 1	1.84	1.00
方案 2	1.50	1.00
方案 3	1.26	1.00
方案 4	1.61	1.25
方案 5	1.23	1.25
方案 6	1.00	1.25

4.5.5　评价模型选择

由于在方案优选中，已经确定温控方案为冷却水管＋分层浇筑，而在具体的方案评价指标计算中，已经对各方案进行了定量计算，各方案的指标优劣关系已经得到量化确定，不需要通过模糊数学进行确定，因此评价模型选用量化指标进行层次分析计算。

层次分析模型的结构同温控方案优选时确定的模型结构，其指标关系采用细化方案中的量化指标代替专家定性评价指标。

4.5.6　评价指标确定

在对各方案指标计算过程中，由于已经确定了各方案的量化指标值，因此，评价方案确定为：造价最少、工期最省、施工难度最低、施工效果最好、风险最小、环境影响最小为优选目标。

不同于方案优选时，采用"很好、较好、一般、较差、很差"的模糊评价，在进行方案确定时，已经初步计算各评价指标的量化值，因此，按照选择目标对各量化值进行直接计算即可。

以经济指标为例，已经计算出各方案的初步估算造价，按照最小造价最优的关系，以各方案的造价值，除以各方案的最大值得出其评价指标，评价指标均为小于 1 的数，且评价值越小，其方案越优。

对于温控效果和浇筑质量而言，安全系数越大，其温控效果越好，为了统一处理，将其取倒数，从而满足数值越小方案最优。

按照该处理方法，得到各方案的评价指标如表 4.38、表 4.39 所示。

各方案的评价指标表一　　　　　表 4.38

方案	经济合理性指标				工期节省性指标		效果可靠性指标	
	材料成本	人工成本	机械成本	措施成本	人工时间	机械时间	温控效果	浇筑质量
方案1	1.00	0.84	1.00	0.60	0.57	1.00	0.71	1.00
方案2	0.82	0.76	1.00	0.79	0.50	1.00	0.78	0.96
方案3	0.68	0.71	1.00	1.00	0.44	1.00	0.85	0.92
方案4	0.88	1.00	1.00	0.60	1.00	1.00	0.92	0.88
方案5	0.67	0.91	1.00	0.79	0.91	1.00	0.95	0.84
方案6	0.54	0.86	1.00	1.00	0.86	1.00	1.00	0.80

各方案的评价指标表二　　　　　表 4.39

方案	技术科学性指标			风险管控性指标		环境影响性指标	
	技术可行性	施工难易程度	技术可靠性	风险程度	可控程度	废料污染	其他影响
方案1	1.00	0.80	1.00	1.00	1.00	1.00	0.80
方案2	1.00	0.73	1.00	1.00	1.00	0.82	0.80
方案3	1.00	0.67	1.00	1.00	1.00	0.68	0.80
方案4	1.00	1.00	1.00	1.00	1.00	0.88	1.00
方案5	1.00	0.93	1.00	1.00	1.00	0.67	1.00
方案6	1.00	0.87	1.00	1.00	1.00	0.54	1.00

4.5.7 方案评价

在上述方案指标确定的基础上，结合温控方案优选中建立的指标判断矩阵进行层次分析判断，考虑具体工况已经确定，需要对温控方案优选中的指标判断矩阵进行局部修正，考虑工期节省性、技术科学性、风险管控性和环境影响性指标变化不大，主要对经济合理性指标进行修正，修正方法为：

计算各指标的人工成本、材料成本和措施成本，按照其比例关系，修正原专家评分中的评价值，其中人工成本和材料成本的重要程度为 1，而措施成本与人工成本的重要程度为 1/9，机械成本各方案近似相同可不进行修正处理。修正后的经济合理性判断矩阵及一致性检验如表 4.40 所示。

修正后的经济合理性判断矩阵及一致性检验　　　　　表 4.40

指标	材料成本	人工成本	机械成本	措施成本	w_i
材料成本	1	1	0.3	9	0.25
人工成本	1	1	0.6	9	0.28
机械成本	3.3	1.7	1	4.1	0.43
措施成本	0.1	0.1	0.2	1	0.05

其中，$\lambda_{max} = 4.267$，$CI = 0.089$，$CR = 0.0989 < 0.1$，符合一致性检验要求。

对经济合理性进行修正后的各个指标层对于目标层的总排序权重如表 4.41 所示。

修正经济合理性后指标层对于目标层的总排序权重　　　表 4.41

指标层	经济合理性 0.33	工期节省性 0.20	技术科学性 0.12	效果可靠性 0.26	风险管控性 0.06	环境影响性 0.03	总排序权重
材料成本	0.25						0.083
人工成本	0.28						0.092
机械成本	0.43						0.142
措施成本	0.05						0.017
人工时间		0.44					0.088
机械时间		0.56					0.112
技术可行性			0.22				0.026
施工难易程度			0.43				0.052
技术可靠性			0.35				0.042
温控效果				0.82			0.213
浇筑质量				0.18			0.047
风险程度					0.77		0.046
可控程度					0.23		0.014
废料污染						0.17	0.005
其他影响						0.83	0.025

整理结果如下：

$a_1 = (0.083, 0.092, 0.142, 0.017)$；

$a_2 = (0.088, 0.112)$；

$a_3 = (0.026, 0.052, 0.042)$；

$a_4 = (0.213, 0.047)$；

$a_5 = (0.046, 0.014)$；

$a_6 = (0.005, 0.025)$；

$a = (0.33, 0.20, 0.12, 0.26, 0.06, 0.03)$。

对方案 1 进行如下计算：

$R_1 = (1, 0.84, 1, 0.6)$；

$R_2 = (0.57, 1)$；

$R_3 = (1, 0.8, 1)$；

$R_4 = (0.71, 1)$；

$R_5 = (1, 1)$；

$R_6 = (1, 0.8)$；

$$R = \begin{bmatrix} a_1 R_1^T \\ a_2 R_2^T \\ a_3 R_3^T \\ a_4 R_4^T \\ a_5 R_5^T \\ a_6 R_6^T \end{bmatrix} = \begin{bmatrix} 0.3127 \\ 0.1624 \\ 0.1096 \\ 0.1976 \\ 0.06 \\ 0.025 \end{bmatrix}。$$

则可得方案1的分值为 $D = aR = 0.2045$。

其他方案的计算过程与方案1计算过程一致，则得出各个方案的评价得分如表4.42所示。

各方案分值表　　　　　　　　　　　　　　　　　表4.42

方案编号	方案1	方案2	方案3	方案4	方案5	方案6
分值	0.2045	0.1978	0.2004	0.2249	0.2172	0.2141

4.5.8　方案确定

对各个方案进行评价计算，按照最优排序，其方案依次为：方案2＜方案3＜方案1＜方案6＜方案5＜方案4，各方案的评分比较如图4.21所示。

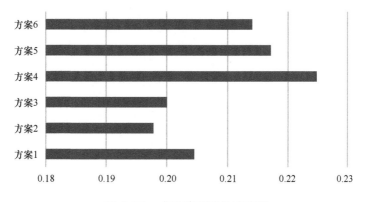

图4.21　各方案的评分比较图

根据方案比选,最终确定方案 2 为最优方案,即对于泵房底板的施工,确定为分 2 层三块浇筑,其中每块的下层浇筑 3m,布设两层水管,每块的上层浇筑 1.94m,布设一层水管,其浇筑顺序为:左联底板下层→右联底板下层→左联底板上层→右联底板上层→中联底板下层→中联底板上层。

4.6 本章小结

本章选取了具体的工程实例作为分析研究对象,结合工程的实际情况和温控要求,进行了温控方案的优选确定,对于常用温控方案进行初步比较,确定可选方案和比较方案,采用层次分析模型和模糊评价模型,建立了多目标温控方案优选模型,采用调查问卷并结合机器学习、权重系数消噪等方法确定了相应评价指标,并给出优选温控方案;以温控优选方案为基础,进行了最终温控方案的确定,结合仿真技术和量化指标评估,并结合分析对权重系数进行适当修正,采用层次分析模型对优选温控方案进行评价,从而确定最终温控方案,为温控施工提供科学依据和指导。

5 基于大数据技术的温度预警分析

大体积混凝土在施工过程中，需要对其温度数据进行监测，一般的温度监测多在大体积混凝土中埋设温度传感器，进而获取大体积混凝土的温度分布，现有的大体积混凝土温度采集装置可以实现对数据的采集，但是无法对未来的温度趋势进行预测，尤其是在浇筑环境发生改变情况下的温度趋势无法提前预判，从而无法对大体积混凝土施工进行预警指导。本章引入大数据分析技术，通过对采集的温度数据进行大数据分析处理，构建基于大数据的温度预警分析技术，以对大体积混凝土的施工进行指导。

5.1 大数据分析技术

随着计算机应用科学的快速发展，在各行业的生产、控制、运行过程中，产生了海量的数据，为了有效利用海量数据，充分挖掘数据资源，以提供科学合理的决策支撑，而形成了新的数据研究方向——大数据分析技术。

1989年，Gartner Group 的 Howard Dresner 首次提出"商业智能"（Business Intelligence）这一术语，其可将企业已有数据转化为商业决策的工具，以提高企业决策能力、决策效率和决策准确性，此后，大数据分析延伸到各行业，发展成为数据分析、决策支撑、误差分析、生产管控等的重要支撑资源。

大数据技术是预测分析、数据挖掘、统计分析、人工智能、自然语言处理、并行计算、数据存储等技术的综合运用，其可以充分利用已有数据资源，并进行深度挖掘处理，继而从大量的、不完全的、有噪声的、模糊的、随机的实际应用数据中，提取决策制定的潜在有用信息，是统计学、数据库技术和人工智能技术的综合应用，通过大数据技术，可以对数据进行有效分析整合，优化决策过程，实现预期管控目标[84-87]。

5.2 温度预警的大数据分析思路

5.2.1 大数据分析平台框架

对于大体积混凝土，其在浇筑过程中，通过埋设的温度传感器获取了大量的温度数据，这些温度数据和混凝土浇筑的各种因素相关，同时也和外界气温变化、天气变化、养护条件变化等因素相关，利用这些已经发生的温度数据，结合大体积混凝土的浇筑因素等，可以充分挖掘数据的相互关系，并对未来时间段以及不同点位的混凝土温度进行预测分析及提供科学指导。

对于大体积混凝土温度预警的大数据分析，需要对采集的温度数据进行大数据整合，构建大数据分析平台，分析平台可以分为大数据采集层、大数据存储层、大数据分析层和大数据应用层，如图5.1所示。

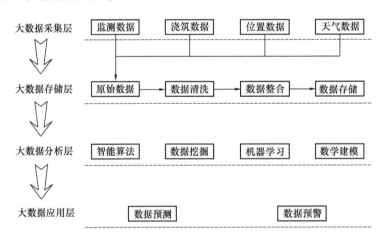

图5.1 温度预警大数据平台框架结构图

5.2.2 大数据分析平台构建

对于大数据分析技术而言，数据是驱动分析平台运转的核心，在进行大数据分析平台建设时，应围绕数据的获取、处理、分析及应用等各个流程进行平台构建，数据采集层完成数据的采集与存储，基于人工智能数据分析平台对获取到的海量数据进行挖掘分析，提取潜在有用信息，并为数据分析和数据应用提供支撑；大数据分析框架结构包括数据采集平台、数据存储平台、数据分析平台和数据应用平台。

数据采集平台：主要针对大体积混凝土浇筑的温度数据、参数数据、天气数据等进行采集，包括：混凝土各测点的温度数据、测点的位置数据、混凝土浇筑数据、外界气温数据、外界天气数据、外界风力数据等。

数据存储平台：针对采集到的海量数据应当进行数据存储以满足分析使用，由于原始采集数据参差不齐，为了使数据分析挖掘顺利进行，在大数据存储之前需要对其进行清洗、整理、转换，并且需要进行数据校验，以满足数据的使用要求。

数据分析平台：数据分析是大数据技术的核心，通过对采集数据进行数据挖掘，应用机器学习、智能算法、数学建模等手段，实现对数据的深度分析。

数据应用平台：数据应用主要根据数据分析结果，调用相应的分析模型，对未来温度趋势进行合理预测，并对可能出现的温度异常进行预警。

5.3 温度数据的清洗处理

为了实现对混凝土温度数据的分析，需要对其进行数据清洗处理，即需要对温度数据进行预处理，以保证数据的可靠度。对于大体积混凝土，温度传感器的位置参数、浇筑时间、冷却水管布置、不同时刻内部温度测量值、不同时刻外界温度值、天气情况以及风力大小等信息比较明确，不需要进行清洗处理，因此本次数据预处理主要针对不同时刻内部温度测量值进行处理。

在温度数据采集过程中，由于施工状况、天气环境、仪器故障等因素的影响，加上温度数据量太大，其来自不同的数据源，数据属性的一致性不能得到保证，原始数据易包含异常点、缺失值以及属性格式不一致的数据，数据质量难以符合要求，不能满足大数据分析算法中对数据的要求，直接使用低质量的数据进行分析挖掘会严重影响效果，因此需要通过预处理技术改进数据质量，使得大数据分析过程更加容易、能够分析得到的信息更加有效准确。

为了实现对温度数据的清洗处理，需要对采集到的原始温度数据进行异常值处理，针对缺失值进行填充，对于异常值处理和缺失值填充后的数据进行移动平均，消除数据的偶然误差，提高数据质量。

5.3.1 异常值处理

统计方法和聚类技术是两种常用的异常值识别方法，其中统计方法主要根据原始数据的统计规律，对于偏离统计规律的值进行识别；聚类技术是将原始数据进行聚类处理，对于不符合聚类规律的数据进行辨识。

对大体积混凝土采集的原始数据进行分析，其一般存在两类异常数据：第一类数据体现为存在偏离正常温度范围的采集值；第二类数据体现为存在温度时间序列的突变值，即温度数据与序列邻近数据存在明显差异。根据异常值的不同表现形式，选择第一类异常值采用统计方法进行识别，第二类异常值采用聚类的方法进行识别。

1）箱线图识别方法

对于统计方法识别异常值，选用箱线图作为分析手段。箱线图是通过一组数据中的最大值、最小值、0.25分位数（Q_1）、中位数（Q_2）、0.75分位数（Q_3）绘制的图形，箱线图最大的优点就是不受异常值的影响，可以以一种相对稳定的方式描述数据的离散分布情况[88-89]。

箱线图利用数据的统计规律反映数据的分布情况，以某箱线图为例，如图5.2所示，箱子上、下边界分别是0.75分位数（Q_3）和0.25分位数（Q_1），中间粗线刻槽为样本中位数（Q_2）。

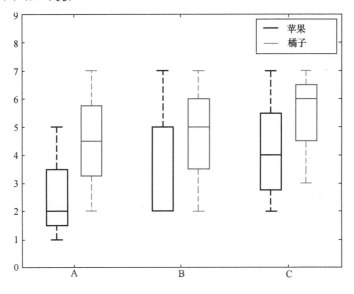

图5.2 箱线图示意图

对于箱线图而言，异常值（超过上下边缘的点）识别边界具有经验性，通常取箱子下边界引出虚线延伸至 $Q_1 - 1.5 \times (Q_3 - Q_1)$ 位置，上边界引出虚线至 $Q_3 + 1.5 \times (Q_3 - Q_1)$ 位置，边界之外的样本点作为异常点。

落入箱子上下边界的数据点即为正常点，对于箱子边界之外的数据点即为异常点，对于异常点，需要删除。

2）聚类识别方法

聚类识别方法需要首先根据数据的特征对其合理分段，然后对每段分别通过聚类算法进行异常点检测识别。考虑温度数据时间跨度小，不具有周期性，这类时间序列需要根据自身特征选择一种合理的方式进行分段。

温度时间序列中异常点与序列中其他点之间的连接通常表现为不光滑，这些点的特征类似于曲线中的极大值点、极小值点以及拐点。故可依据时间序列的突变系数进行分段。

突变系数的定义为：首先设时间序列 $X=\{x_1,x_2,x_3,\cdots,x_n\}$，则时间序列中点 x_i 的突变系数 $TB(x_i)$ 为：

$$TB(x_i) = \left| \frac{x_i}{x_{i-1}} \times \frac{x_i}{x_{i+1}} \right| \tag{5.1}$$

由定义可知，曲线越光滑，数据点对应的突变系数越接近1，如果一个点的突变系数远离1，那么该点附近可能存在点异常值。在实际应用过程中，可以设定突变系数的阈值范围，对于超出该阈值范围的数据点认定为异常点，该异常点所对应的时刻邻近的温度测量值也有可能存在异常点，故将该时刻作为断点对数据进行分段。

取突变系数所对应的时刻邻近的前后各 t 时间段的温度测量值组成用于离群点分析的检测片段，对于温度测量值检测片段，采用基于密度的聚类算法分别对每段进行异常点检测。基于密度的聚类方法能够发现任何形状的簇，DBSCAN 算法能够在空间中发现任意形状的簇，可以用来识别数据空间中的离群点、异常点。DBSCAN 算法通过设定一个邻域大小阈值（ε）和一个邻域密度阈值（$MinPts$），将所有数据点标记为核心点、边界点和噪声点三类。聚类结果中标记为噪声点的测量值即为时间序列中的异常点，将其用空值代替。

时间序列异常值检测流程如图 5.3 所示。

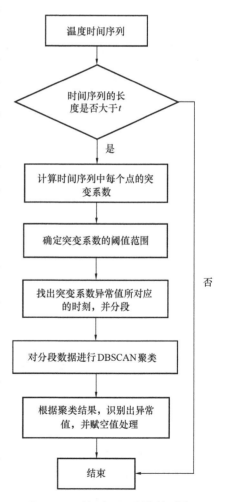

图 5.3　时间序列异常值检测流程

5.3.2 缺失值填充

由于温度传感器工作故障、记录缺失、异常值剔除等原因，导致温度数据存在一定的缺失值，如不进行处理填充，则会导致无法对温度数据进行有效地训练学习，影响分析结果，因此，针对温度数据中的缺失值，需要应用相关数据处理手段进行填充。

对于缺失值的填充，主要有特征值填充、回归填充、拟合填充。特征值填充主要采用均值、中位数、众数等代替缺失值；回归填充包括一元回归和多元回归；拟合填充包括分箱算法填充、最邻近算法填充。

混凝土施工温度值时序性强，呈偏态分布。对于单个空缺值可采用前后均值填充，对于连续空缺值则通过最邻近算法填充缺失值。

最邻近算法也称 KNN 插补算法（K-Nearest Neighbors，KNN），是一种基于相似度度量策略的聚类算法，将其应用于缺失值填充中主要是根据不同数据项之间的相似度高低来判断两个数据项之间的关系，然后根据不同数据项之间的"距离"得出相关数据项的缺失值估计值[90-91]。数据项相似度的度量有多种方法，常见的度量方式有欧式距离、契比雪夫距离、余弦相似度、马氏距离、皮尔逊相关系数等。对于随机缺失的数据集，常见的含缺失的数据项在通常情况下都是部分属性被观测到，部分属性缺失，KNN 插补算法应用于缺失值插补时，首先选定最大邻近值数目 K，然后根据含缺失项数据的观测属性与其他不含缺失项数据的观测属性之间的关系来对缺失项数据进行度量，最后实现相关插补填充。

KNN 插补算法的思想就是利用缺失数据项与完整数据项之间的相似性来选择插补数据集合，设两个数据样本分别为 i,j；于是两个样本之间的邻近值表达式 $d(i,j)$ 如下：

$$d(i,j) = (\| x_1 - y_1 \|^p + \| x_2 - y_2 \|^p + \cdots\cdots \| x_k - y_k \|^p)^{1/p} \quad (5.2)$$

根据取值 p 的不同，相似度衡量方法也不同，如 $p = 1$ 为曼哈顿距离，$p = 2$ 为欧氏距离。

KNN 插补算法流程如下：

(1) 设置最大邻近值数目 K。

(2) 分离数据集中含缺失项数据 D_m 集合和不含缺失项数据 D_c 集合。

(3) 对于每一个数据样本 $j \in D_c$，求取 K 个最邻近数据项，根据公式（5.2）求

5 基于大数据技术的温度预警分析

取对应的距离度量函数，对应的 d_i 缺失项数据为 $y = \dfrac{1}{K}\sum\limits_{i=1}^{K} y_i$。

（4）将 d_i 加入 $\boldsymbol{D}_c$。

（5）重复步骤3），直至 $\boldsymbol{D}_m$ 为空集。

5.3.3 移动平均处理

移动平均（Moving Average，MA）是一种数据分析常用的技术手段，基本思想是消除被平均的对象随时间等动态变化产生的误差。在混凝土的温度监测中，获取的温度数据包含了真实值、偶然误差和系统误差等，偶然误差广泛存在，频率较高，是由于在测定过程中的不确定因素随机波动而形成的具有相互抵偿性的误差，通常符合正态分布；系统误差则是指由于仪器埋设偏离、监测系统本身异常等导致的规律性偏差，为了降低温度原始数据的误差，可以采用数据移动平均的方法对温度数据进行处理，以提高数据质量。

移动平均的通用性计算公式可以表达为：

$$F_{MA} = \dfrac{f(x_1) + f(x_2) + \cdots\cdots + f(x_n)}{N} \tag{5.3}$$

式中：F_{MA} 是变量 x 移动平均后的值；N 是移动平均窗口的大小；$f(x)$ 是平均计算的函数；n 是变量 x 的数量。

对于混凝土的温度数据而言，其表达公式为：

$$T(t) = \dfrac{\sum\limits_{i=1}^{n(t)} T_i(t)}{n(t)} \quad t \in \Delta(t) \tag{5.4}$$

式中：$T(t)$ 为移动平均后的温度值；$\Delta(t)$ 为包含该时刻的时间间隔；$n(t)$ 为时间间隔内监测对象采集的温度值的个数；$T_i(t)$ 为原始的温度监测数据。

通过移动平均的处理方法，可以消除实时温度监测数据中存在的隐性高频偶然误差，降低数据中存在的规律性系统误差，有效提高数据质量。

5.4 基于大数据的温度预警模型

大体积混凝土施工中，根据施工条件和外部环境因素的变化对混凝土内部的温度变化进行合理预测，可以有效地对可能发生的温度变化进行预判，并采取相应的温控措施，实现动态智能温控。

5.4.1 预测模型选择

对于温控施工中的温度数据,大数据技术可以充分挖掘其内部信息,建立施工信息与温度时程变化之间的关联规则,并对可能发生的温度变化进行合理预测,为动态温控提供支撑。

大数据的分析预测模型较多,其中决策树模型是一种常用的模型结构,决策树模型能够直接体现数据的特点,其数据准备比较简单,能够同时处理数据型和常规型属性,在相对短的时间内能够对大型数据源做出可行且效果良好的结果。决策树是一种树形结构,其中每个内部节点表示一个属性上的测试,每个分支代表一个测试输出,每个叶节点代表一种类别。决策树模型学习时,利用训练数据,根据损失函数最小化的原则建立决策树模型。

分类与回归树(Classification and Regression Tree,CART)模型是应用广泛的决策树学习方法,既可以用于分类也可以用于回归[92-95]。CART 是在给定输入随机变量 X 条件下输出随机变量 Y 的条件概率分布的学习方法。CART 假设决策树是二叉树,内部结点特征的取值为"是"和"否",左分支是取值为"是"的分支,右分支是取值为"否"的分支。这样的决策树等价于递归地二分每个特征,将输入空间即特征空间划分为有限个单元,并在这些单元上确定预测的概率分布,也就是在输入给定的条件下输出的条件概率分布。

CART 算法由以下两步组成:

(1)决策树模型生成:基于训练数据集生成决策树,生成的决策树要尽量大。

(2)决策树模型剪枝:用验证数据集对已生成的树进行剪枝并选择最优子树,可选择用损失函数最小作为剪枝的标准。

5.4.2 CART 模型生成

决策树的生成就是递归地构建二叉决策树的过程。对回归树用平方误差最小化准则,对分类树用基尼指数最小化准则进行特征选择,生成二叉树。

1)回归树的生成

假设 X 和 Y 分别为输入和输出变量,并且 Y 是连续型变量,给定训练数据集 $D = \{(x_1,y_1),(x_2,y_2),\cdots,(x_N,y_N)\}$。一个回归树对应着输入空间(即特征空间)的一个划分以及在划分单元上的输出值。假设已将输入空间划分为 M 个单元 $R_1,R_2,\cdots,R_M$,并且在每个单元 R_m 上有一个固定的输出值 c_m,于是回归树模型可以表示为:

$$f(x) = \sum_{m=1}^{M} c_m I(x \in R_m) \tag{5.5}$$

当输入空间的划分确定时,可以用平方误差 $\sum_{x_i \in R_m}[y_i - f(x_i)]^2$ 来表示回归树。对于训练数据的预测误差,用平方误差最小的准则求解每个单元上的最优输出值。易知,单元 R_m 上的 c_m 的最优值 $\tilde{c}_m$ 是 R_m 上的所有输入实例 x_i 对应的输出 y_i 的均值,即:

$$\tilde{c}_m = \text{Ave}(y_i \mid x_i \in R_m) \tag{5.6}$$

CART 回归树采用启发式的方法对输入空间进行划分,选择第 j 个变量 $x^{(j)}$ 和它的取值 s,作为切分变量和切分点,并定义两个区域,$R_1(j,s) = \{x \mid x^{(j)} \leq s\}$ 和 $R_2(j,s) = \{x \mid x^{(j)} > s\}$。然后寻找最优切分变量 j 和最优切分点 s,具体的求解如下:

$$\min_{j,s}\left[\min_{c_1} \sum_{x_i \in R_1(j,s)} (y_i - c_1)^2 + \min_{c_2} \sum_{x_i \in R_2(j,s)} (y_i - c_2)^2\right] \tag{5.7}$$

用选定的最优切分变量 j 和最优切分点 s 划分区域并决定相应的输出值:

$$\tilde{c}_1 = \text{Ave}[y_i \mid x_i \in R_1(j,s)] \tag{5.8}$$

$$\tilde{c}_2 = \text{Ave}[y_i \mid x_i \in R_2(j,s)] \tag{5.9}$$

遍历所有输入变量,找到最优的切分变量 j,构成一个对 (j,s)。以此将输入空间划分为两个区域。接着,对每个区域重复上述划分过程,直到满足停止条件为止。

2)分类树的生成

分类树用基尼指数选择最优特征,同时决定该特征的最优二值切分点。在分类问题中,假设有 K 个类,样本点属于第 k 类的概率为 p_k,则概率分布的基尼指数定义为:

$$Gini(p) = \sum_{k=1}^{K} p_k(1 - p_k) = 1 - \sum_{k=1}^{K} p_k^2 \tag{5.10}$$

对于二类分类问题,若样本点属于第 1 个类的概率是 p,则概率分布的基尼指数为:

$$Gini(p) = 2p(1 - p) \tag{5.11}$$

对于给定的样本集合 D,其基尼指数为:

$$Gini(D) = 1 - \sum_{k=1}^{K} \left(\frac{|C_k|}{|D|}\right)^2 \tag{5.12}$$

式中,C_k 是 D 中属于第 k 类的样本子集,K 是类的个数。

如果样本集合 D 根据特征 A 是否取其一，可能值 a 被分割成 D_1 和 D_2 两部分，即

$$D_1 = \{(x,y) \in D \mid A(x) = a\} \tag{5.13}$$

$$D_2 = D - D_1 \tag{5.14}$$

则在特征 A 的条件下，集合 D 的基尼指数定义为

$$Gini(D,A) = \frac{|D_1|}{|D|} Gini(D_1) + \frac{|D_2|}{|D|} Gini(D_2) \tag{5.15}$$

基尼指数 $Gini(D)$ 表示集合 D 的不确定性，基尼指数 $Gini(D,A)$ 表示经 $A = a$ 分割后集合 D 的不确定性。基尼指数值越大，样本集合的不确定性也就越大。因此，选择基尼指数最小的二值切分点来划分当前数据集 D。

5.4.3 CART 模型剪枝

CART 剪枝算法从"完全生长"的决策树的底端剪去一些子树，使决策树变小（模型变简单），从而能对未知数据有更准确的预测。CART 剪枝算法由两步组成：首先从生成算法产生的决策树 T_0 底端开始不断剪枝，直到 T_0 的根结点，形成一个子树序列 $\{T_0, T_1, \cdots, T_n\}$；然后通过交叉验证法在独立的验证数据集上对子树序列进行测试，从中选择最优子树。

1) 剪枝，形成一个子树序列

在剪枝过程中，计算子树的损失函数：

$$C_\alpha(T) = C(T) + \alpha|T| \tag{5.16}$$

式中：T 为任意子树；$C(T)$ 为对训练数据的预测误差（如基尼指数）；$|T|$ 为子树的叶结点个数；$\alpha \geq 0$ 为参数；$C_\alpha(T)$ 为参数是 α 时的子树 T 的整体损失。参数 α 权衡训练数据的拟合程度与模型的复杂度。

对固定的 α，一定存在使损失函数 $C_\alpha(T)$ 最小的子树，将其表示为 T_α。T_α 在损失函数 $C_\alpha(T)$ 最小的意义下是最优的。当 α 大时，最优子树 T_α 偏小；当 α 小时，最优子树 T_α 偏大。极端情况，当 $\alpha = 0$ 时，整体树是最优的。当 $\alpha \to \infty$ 时，根结点组成的单结点树是最优的。

为此，对 T_0 中每一个内部结点 t，计算

$$g(t) = \frac{C(t) - C(T_t)}{|T_t| - 1} \tag{5.17}$$

该式表示剪枝后整体损失函数减少的程度。在 T_0 中剪去 $g(t)$ 最小的 T_t，将得

5 基于大数据技术的温度预警分析

到的子树作为 T_1，同时将最小的 $g(t)$ 设为 α_1。T_1 为区间 $[\alpha_1,\alpha_2)$ 的最优子树。如此剪枝下去，直至得到根结点。在该过程中，不断地增加 α 的值，产生新的区间。

2）在剪枝得到的子树序列 $T_0,T_1,\cdots,T_n$ 中通过交叉验证选取最优子树 T_α。

具体地，利用独立的验证数据集，测试子树序列 $T_0,T_1,\cdots,T_n$ 中各棵子树的平方误差或基尼指数。平方误差或基尼指数最小的决策树被认为是最优的决策树。在子树序列中，每棵子树 $T_0,T_1,\cdots,T_n$ 都对应于一个参数 $\alpha_0,\alpha_1,\cdots,\alpha_n$。所以，当最优子树 T_k 确定时，对应的 α_k 也确定了，即得到最优决策树 T_α。

5.4.4 温度预警分析

温度预警即根据得到的温度预测值进行判断，对可能发生的温度越界进行预警判断，其表达式如下：

$$\{T_i\} \notin \langle T_0 \rangle \tag{5.18}$$

式中：$\{T_i\}$ 为预测得到的各测点温度值；$\langle T_0 \rangle$ 为工程要求的温度值存在范围。

例如，中心点和边界点的温度之差不得超过 25℃，在设定中，认为中心点和边界点的温度差值超过 23℃，即给出预警信号，则当预测到的中心点和边界点温度超过 23℃时，则认为触发预警条件，给出预警信号。

5.5 实例分析

5.5.1 实例选择

工程实例选择为河南省周口市鹿邑县后陈楼加压泵站的大体积混凝土施工工程，后陈楼加压泵站由进口段、检修闸、进水池、主厂房、副厂房及厂区、出水管线等部分组成，其中进水池底板、泵房底板、检修闸底板的混凝土的浇筑体量较大，均为大体积混凝土，在其施工过程中，均埋设相应的温度传感器进行温度控制，通过埋设温度传感器，采集到了大量的温度数据，具备实施大数据分析预测的数据基础。本次实例分析选择进水池底板的左联底板作为分析对象。

5.5.2 施工概况

进水池段顺水流方向总长 12.2m，分为左联底板、中联底板和右联底板，每联底板浇筑时间相互错开，以保证混凝土整体温控效果和浇筑质量。选择左联底板作为分析对象，其中左联底板长度 25m，宽度 12.2m，厚度为 3m（齿槽处厚度为 4.5m），左联底板混凝土结构示意图如图 5.4 所示。

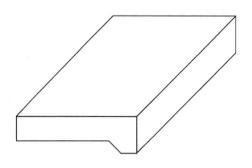

图 5.4 左联底板混凝土结构示意图

进水池左联底板混凝土等级为 C30W4F150,级配为二级,其配比如表 5.1 所示。

混凝土配比表　　　　　　　　　　　　　表 5.1

1m³ 混凝土材料用量（kg/m³）								
水	水泥	粉煤灰	矿粉	砂	D20	D40	减水剂	引气剂
157	215	71	71	713	451	677	3.94	0.07

为了保证温控效果,在进水池左联底板的混凝土浇筑过程中铺设冷却水管进行降温,采用高密度聚乙烯（HDPE）冷却水管通水冷却,布设两层冷却水管,第一层布设在 1m 处,第二层布设在 2m 处,水平布设间距为 1m,冷却水管内径为 32mm,壁厚为 2mm,通水流量控制在 30L/min。

在左联底板的混凝土中埋设温度传感器,共设置温度传感器 21 个,每层布置 7 个,布置 3 层,其中顶层传感器埋入混凝土距其表面 0.1m,中层传感器距混凝土表面 1.3m,底层传感器距混凝土表面 2.9m,温度传感器的平面布置如图 5.5 所示。

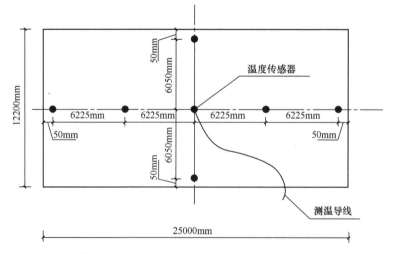

图 5.5 温度传感器平面布置示意图

5 基于大数据技术的温度预警分析

温度传感器布置立面图如图5.6所示。

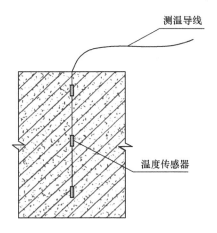

图5.6 温度传感器布置立面图

各温度传感器的坐标位置如图5.7及表5.2所示。

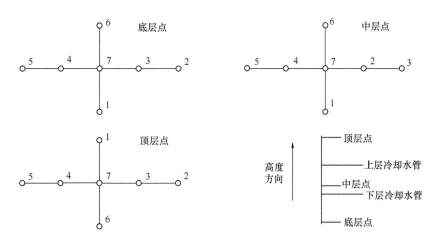

图5.7 温度传感器的坐标位置示意图

温度传感器的坐标数据 表5.2

底层点		中层点		顶层点	
编号	坐标	编号	坐标	编号	坐标
1	(12.15, 12.5, 0.05)	1	(12.15, 12.5, 1.3)	1	(0.05, 12.5, 2.95)
2	(6.1, 24.95, 1.65)	2	(6.1, 18.725, 1.3)	2	(6.1, 24.95, 4.55)
3	(6.1, 18.725, 0.05)	3	(6.1, 24.95, 2.9)	3	(6.1, 18.725, 2.95)
4	(6.1, 6.275, 0.05)	4	(6.1, 6.275, 1.3)	4	(6.1, 6.275, 2.95)
5	(6.1, 0.05, 0.05)	5	(6.1, 0.05, 1.3)	5	(6.1, 0.05, 2.95)
6	(0.05, 12.5, 0.05)	6	(0.05, 12.5, 1.3)	6	(12.15, 12.5, 2.95)
7	(6.1, 12.5, 0.05)	7	(6.1, 12.5, 1.3)	7	(6.1, 12.5, 2.95)
下层水管距离	0.95	下层水管距离	0.3	上层水管距离	0.95
		上层水管距离	0.7		

根据施工进度安排，进水池左联底板的浇筑结束时间为2021年3月11日的10:30。

5.5.3 温度数据采集

埋设的温度传感器采用数字温度传感器，利用监测软件系统对其温度进行实时采集，并按照设定时长保存存储，考虑混凝土温度变化过程相对平缓，为了保证温度数据的精度和数量要求，选定数据的存储时间为10min/组，即每小时每个温度传感器存储6个温度数据。

考虑浇筑初期温度传感器数据采集不稳定，选择3月12日4:00至3月31日24:00的温度数据作为分析数据。

在对混凝土内部传感器的温度进行采集的基础上，同时采集外界气温变化、天气变化以及风力变化情况，统计外界气温的变化规律和数值，如图5.8所示。

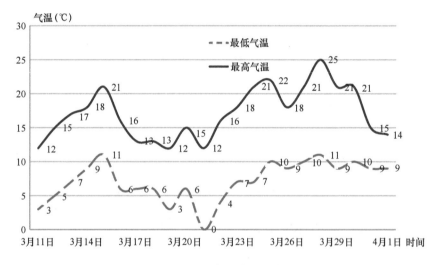

图5.8 外界气温变化示意图

考虑外界气温的非突变性，对于外界气温、天气状况和风力统计采用逐小时统计，其中天气状况及风力变化统计（3月12日的4:00至3月31日的24:00）如图5.9所示。

在混凝土养护过程中，由于外界气温变化、混凝土监测温度变化等因素，在养护期间采用动态温控技术，其中，通水流量设定为20L/min，表面养护采用模板外覆盖棉被的养护方式。在3月14日8:10（时间持续至3月15日20:20）、3月26日18:10（持续至3月27日17:00）和3月30日18:20（持续至4月1日17:00）加大通水流量，通过增加泵机功率，将通水流量调整至40L/min，在3月16日7:50加盖一层棉被保温，3月20日20:00加盖一层棉被保温，3月23日升温后，拆除加盖的两层棉被。

5 基于大数据技术的温度预警分析

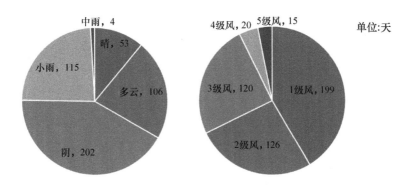

图 5.9 外界天气状况及风力变化统计示意图

5.5.4 分析工具选择

依据本章构建的大数据分析方法,需要选择合适的分析软件工具,Python 是进行大数据分析的常用计算机编程语言,Python 提供了高效的高级数据结构,还能简单有效地面向对象编程,Python 语法和动态类型,以及解释型语言的本质,使其成为多数平台上写脚本和快速开发应用的编程语言,Python 拥有完善的基础代码库,覆盖了网络、文件、GUI、数据库、文本等大量内容,可以帮助开发人员处理各种工作,是进行大数据编程、开发设计的主要工具之一。

本书选择 Python 作为分析编程工具,依据 Python 语言对采集的数据进行数据清洗处理,并训练相应的数据模型,以本次分析为例,Python 语言编程部分程序段如图 5.10 ~ 图 5.12 所示。

```
#用knn对缺失值预测填充函数
def setMissing(df):
    df1 = df.copy()
    process_df = df1.loc[:,['混凝土温度','外界气温','x','y','z','tianqi_cater','fengli_cater','时间间隔','通水流量','保温层']]
    known = process_df[process_df['混凝土温度'].notnull()].values
    unknown = process_df[process_df['混凝土温度'].isnull()].values
    X = known[:,1:]
    Y = known[:,0]
    rfr = KNeighborsRegressor()
    rfr.fit(X,Y)
    predicted = rfr.predict(unknown[:,1:]).round(1)
#    df1.loc[(df1['混凝土温度'].isnull()),'混凝土温度']=predicted
    return predicted
```

```
#温度值突变系数处理
from sklearn.cluster import DBSCAN
import pandas as pd
import matplotlib.pyplot as plt

middle_tb = []
for j in [1,2,3,4,5,6,7]:
    for i in range(len(middle_data_que)):
        if i == 0:
            middle_tb.append(((middle_data_que.iloc[i,j])**2)/((middle_data_que.iloc[i,j])*(middle_data_que.iloc[i+1,j])))
        elif i == (len(middle_data_que)-1):
            middle_tb.append(((middle_data_que.iloc[i,j])**2)/((middle_data_que.iloc[i,j])*(middle_data_que.iloc[i,j])))
        else:
            middle_tb.append(((middle_data_que.iloc[i,j])**2)/((middle_data_que.iloc[i-1,j])*(middle_data_que.iloc[i+1,j])))
clustering = DBSCAN(eps=3, min_samples=2).fit(middle_tb)
print(clustering.labels_)
```

图 5.10 Python 语言编程设计图一

```
fig = plt.figure(figsize=(15,5))
ax1 = fig.add_subplot(121)
temp_2.plot(ax=ax1)
plt.xticks(range(400,1500,200),['3-13','3-14','3-15','3-16','3-17','3-18'],fontsize=20)
plt.yticks(range(20,50,5),['20','25','30','35','40','45'],fontsize=20)
plt.xlabel('日期',fontsize=20)
plt.ylabel('温度值',fontsize=20)

clustering = DBSCAN(eps=3,min_samples=2).fit(julei_list)

# plt.figure(figsize=(15,7))
ax2 = fig.add_subplot(122)
for i in range(150,700):
    if clustering.labels_[i] == 0:
        plt.scatter(x=julei_list[i][0],y=julei_list[i][1],c='b',s=8)
    elif clustering.labels_[i] == 1:
        plt.scatter(x=julei_list[i][0],y=julei_list[i][1],c='g',s=8)
    else:
        plt.scatter(x=julei_list[i][0],y=julei_list[i][1],c='r',s=8)
plt.xticks(range(150,710,200),['3-13','3-14','3-15','3-16'],fontsize=20)
plt.yticks(range(20,50,5),['20','25','30','35','40','45'],fontsize=20)
plt.xlabel('日期',fontsize=20)
plt.ylabel('温度值',fontsize=20)


#移动平均法滑动窗口
wendu7 = top_data_que.iloc[:,3]
yidong7 = wendu7.rolling(window=5,min_periods=1).mean()

fig = plt.figure(figsize=(15,7))
ax1 = fig.add_subplot()

# wendu7.plot(ax=ax1,label='7#温度值缺失值填充')
# yidong7.plot(ax=ax1,label='7#温度值缺失值填充')
# plt.scatter(list(range(2855)),wendu7.values.tolist(),label='原始温度',marker='s',s=5)
# plt.scatter(list(range(2855)),yidong7.values.tolist(),label='特征温度',marker='s',s=5)
plt.plot(list(range(2855)),wendu7.values.tolist(),label='原始温度',linewidth=3)
plt.plot(list(range(2855)),yidong7.values.tolist(),label='特征温度',linewidth=3)

plt.xticks([0]+list(range(263,2855,288)),['3-12','3-14','3-16','3-18','3-20','3-22','3-24',
    '3-26','3-28','3-30'],fontsize=20)
plt.yticks(range(20,60,10),['26','34','42','50'],fontsize=20)
plt.xlabel('日期',fontsize=20)
plt.ylabel('温度/℃',fontsize=20)
plt.legend(loc='best',fontsize=20)
plt.tight_layout()
```

图 5.11　Python 语言编程设计图二

```
#中间层：添加每一个温度计点的坐标，及采集的时间间隔
data11 = middle_data[['temp_1','外界气温','天气','风力']]
data11['x'] = [12.15 for _ in range(len(data11))]
data11['y'] = [12.5 for _ in range(len(data11))]
data11['z'] = [1.3 for _ in range(len(data11))]
data11['时间间隔'] = [10*i for i in range(len(data11))]

data12 = middle_data[['temp_2','外界气温','天气','风力']]
data12['x'] = [6.1 for _ in range(len(data12))]
data12['y'] = [18.725 for _ in range(len(data12))]
data12['z'] = [1.3 for _ in range(len(data12))]
data12['时间间隔'] = [10*i for i in range(len(data12))]

data13 = middle_data[['temp_3','外界气温','天气','风力']]
data13['x'] = [6.1 for _ in range(len(data13))]
data13['y'] = [24.95 for _ in range(len(data13))]
data13['z'] = [2.9 for _ in range(len(data13))]
data13['时间间隔'] = [10*i for i in range(len(data13))]
```

图 5.12　Python 语言编程设计图三

```
data14 = middle_data[['temp_4','外界气温','天气','风力']]
data14['x'] = [6.1 for _ in range(len(data14))]
data14['y'] = [6.275 for _ in range(len(data14))]
data14['z'] = [1.3 for _ in range(len(data14))]
data14['时间间隔'] = [10*i for i in range(len(data14))]

data15 = middle_data[['temp_5','外界气温','天气','风力']]
data15['x'] = [6.1 for _ in range(len(data15))]
data15['y'] = [0.05 for _ in range(len(data15))]
data15['z'] = [1.3 for _ in range(len(data15))]
data15['时间间隔'] = [10*i for i in range(len(data15))]

data16 = middle_data[['temp_6','外界气温','天气','风力']]
data16['x'] = [0.05 for _ in range(len(data16))]
data16['y'] = [12.5 for _ in range(len(data16))]
data16['z'] = [1.3 for _ in range(len(data16))]
data16['时间间隔'] = [10*i for i in range(len(data16))]

data17 = middle_data[['temp_7','外界气温','天气','风力']]
data17['x'] = [6.1 for _ in range(len(data17))]
data17['y'] = [12.5 for _ in range(len(data17))]
data17['z'] = [1.3 for _ in range(len(data17))]
data17['时间间隔'] = [10*i for i in range(len(data17))]
```

图 5.12　Python 语言编程设计图四

5.5.5　异常值处理

对采集得到的原始温度数据进行处理，首先依据箱线图进行异常值识别，由于温度传感器故障等原因，其传回的数据可能明显有误，例如传回的温度值出现负值或者明显过大的值，利用箱线图对所有温度数据进行分析，其中，采集到的温度箱线图分布情况如图 5.13 所示，根据箱线图分布确定其正常值范围，如表 5.3 所示。

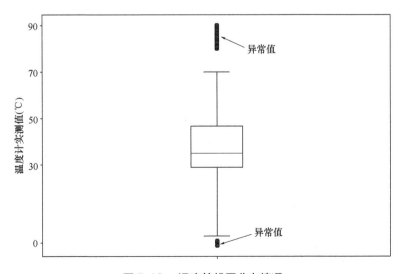

图 5.13　温度箱线图分布情况

温度箱线图参数 表5.3

界限值	温度值（℃）
Q_3	46.2
Q_1	28.3
上边界	73.1
下边界	1.4

图5.13中，深色点代表异常值点。通过箱线图处理，认为采集得到的温度数据不在[1.4，73.1]区间内的为异常值点，需要删除。

利用聚类技术的分析方法，分析温度数据的时间序列突变系数，对其进行分析如图5.14所示。

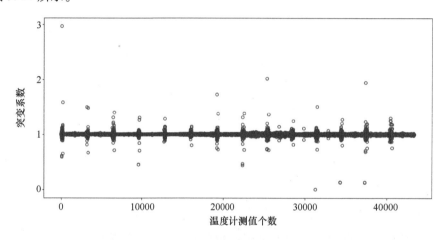

图5.14 温度数据的时间序列突变系数散点分布图

通过分析上述散点图，温度数据的分布范围集中在[0.9，1.1]区间内，设置阈值为0.9、1.1，认为超出该阈值范围的为异常值，并删除。确定异常数值点后，选取其对应时刻邻近的前后各3天的温度测量值组成用于离群点分析的检测片段，若邻近的前后时间少于3d，则取3d以内的温度测量值作为检测片段，并采用基于密度的聚类算法分别对每段进行异常点检测。

以中层的6号温度传感器为例，对其进行异常值识别，识别结果如图5.15所示。

如图5.15（a）所示，识别得到局部时间序列的异常点，图5.15（b）得到基于密度算法识别的异常点，上述异常点温度数据明显异于温度时程曲线的正常点，需要剔除，以提高数据质量。

5.5.6 缺失值填充

对于温度数据，其缺失值一般为两种：一种是由于该测点温度属于异常值而剔

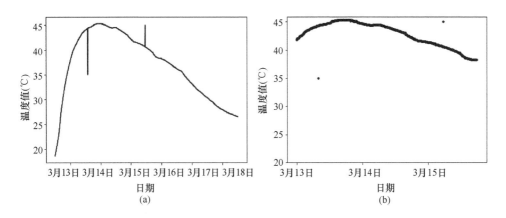

图 5.15　中层 6 号温度传感器时间序列及异常值检测图

除的值；另一种是由于温度传感器故障而无法获取，从而造成的数据缺失。为了保证数据连续性，保证分析结果，对数据缺失值进行填充，其中单个空缺值可采用前后均值填充，对于连续空缺值则通过最邻近算法（KNN）填充。

以进水池的左联底板上层温度数据为例，由于温度传感器测量故障，其数据在 2021 年 3 月 20 日 16:20 ~ 3 月 22 日 0:20 未采集到温度数据，存在连续空缺值，其原始数据分布如图 5.16 所示。

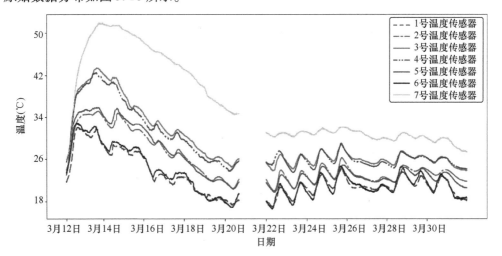

图 5.16　上层温度传感器测值数据分布图

按照本书构建的最邻近算法（KNN）对缺失值进行填充，其填充结果如图 5.17 所示。

通过对缺失数据进行填充，保证了数据的连续性，填充数据的规律与所处温度

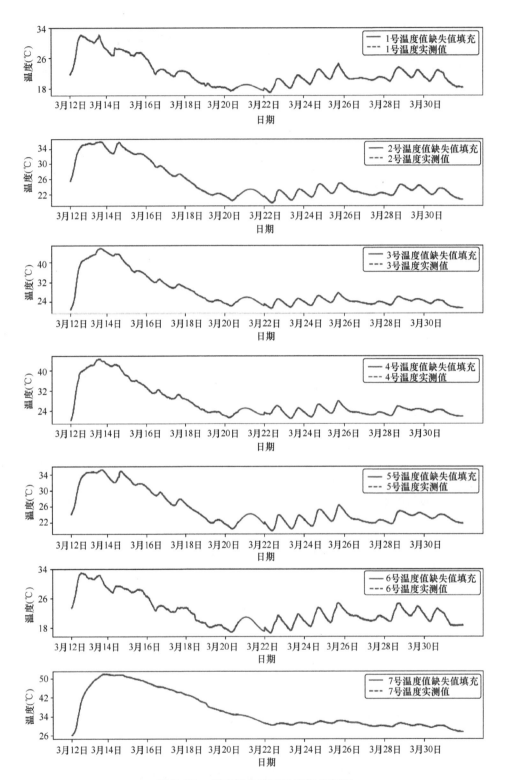

图 5.17 填充缺失值后温度值分布图

测点的温度变化规律一致,所述数据填充具有一定的科学性。

5.5.7 移动平均处理

在对采集得到的温度数据进行异常值处理和缺失值填充的基础上,应用移动平均的数学方法对温度数据进行处理,以消除实时温度监测数据中存在的隐性高频偶然误差,降低数据中存在的规律性系统误差,提高数据质量。

以上层温度传感器中的 7 号点为例,得出的特征温度由包含该点在内的 5 个数据点(向前向后各取 2 个点)进行移动求平均得到,数据处理前后的对比如图 5.18、图 5.19 所示。其中图 5.18 表示对 7 号点所有时刻的移动平均后的结果图,图 5.19 表示对 3 月 13 日 14 点 54 分到 3 月 13 日 23 点 54 分时间范围内的局部放大图。

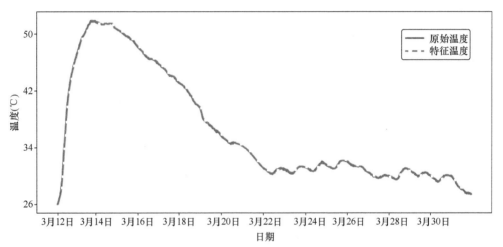

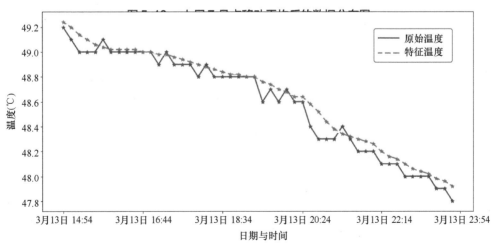

图 5.19　上层 7 号点移动平均后的局部放大图

通过上图可以看出，温度数据经过移动平均后，温度值的波动变小，温度值随着时间的推移变为光滑的曲线，消除了高频波动产生的误差影响。

通过移动平均后的特征温度和原始温度的误差分布如图5.20所示，从误差分布图中可以看出，特征温度和原始温度之间的误差范围为[-0.3,0.3]，经计算原始温度与特征温度的单点绝对差值平均值为0.046，即处理前后温度数据平均误差相差很小。

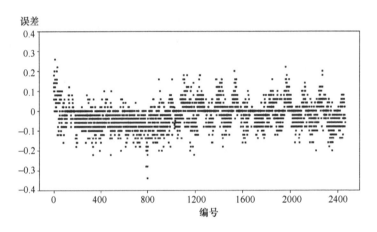

图5.20　移动平均后的特征温度和原始温度的误差分布

5.5.8　大数据预测模型构建

决策树回归算法中树模型的最高深度、划分节点的判断条件、节点数据集中至少要有多少个样本以及一个叶子节点至少要有多少个样本的值对运算性能和回归预测精度起着决定性的作用。其中，本书所使用的为CART回归算法，该类算法对应的划分节点的判断条件为基尼系数，该系数的计算过程参见5.4节。对于其他超参数值的确定通过K折交叉验证确定。

K折交叉验证是将样本随机抽样分为K组，每次取其中一组作为测试集，其余$K-1$组作为训练集，在每组超参数的CART算法下，通过训练集建立模型，并将模型应用于测试集，得到该组参数下的训练误差与测试误差，最终对比各组参数的误差情况，确定各参数的取值（图5.21）。

通过交叉验证确定CART算法下的超参数：max_depth取10，min_samples_split取4，min_samples_leaf取3时，训练集的均方误差为0.047，测试集的均方差误差为0.086，此时的训练集和测试集的均方差误差最小，因此选用该类超参数值作为模型的最优参数。

5 基于大数据技术的温度预警分析

```
max_depth: range(2, 10)
min_samples_split: range(1, 5)
min_samples_leaf: range(1, 5)
For (max_depth, min_samples_split, min_samples_leaf)
    For i=1: K
        划分训练集和测试集，其中第 i 组数据为测试集
        建立 CART 回归模型
        计算训练集和测试集的均方误差
    End loop i
    选取训练误差和测试误差最小值作为该组参数下的误差值
End loop
对比确定超参数的值
```

图 5.21　K 折交叉验证算法确定超参数

结合施工经验和现场施工条件，确定混凝土温度的影响因素包括：温度传感器的位置、采集时间、外界气温、风力、天气情况、冷却水管通水流量、温度传感器距离水管的高度、保温层设置 8 个因素条件，在模型训练时充分考虑上述因素条件，将进水池底板左联布设的上层温度传感器 1~7 号以及进水池底板左联布设的中层温度传感器 1 号、2 号、3 号、6 号和 7 号采集到的温度数据作为训练的原始数据，同时将上层 1~7 号温度传感器，中层 1 号、2 号、3 号、6 号和 7 号温度传感器的位置、距离冷却水管的距离以及浇筑养护期间的采集时间、外界气温、风力、天气情况、冷却水管通水流量、保温层设置等信息输入 CART 回归模型中进行模型的训练，继而得到大数据预测模型。

5.5.9　预测模型验证

1）进水池底板左联验证

通过对设定的温度数据进行大数据的模型训练，得到预测模型，以进水池底板左联布设的中层温度传感器的 4 号和 5 号以及进水池底板左联布设的下层温度传感器的 1~7 号进行模型的验证，预测曲线与实测曲线的温度值及预测误差如图 5.22~图 5.30 所示。

从温度时程曲线预测结果看，预测曲线与实测曲线的趋势变化保存一致，在温度曲线拐点处以及温度变化后期的个别点处预测误差较大，但基本维持在 1℃ 以内。整体的预测曲线与实测曲线相比有波动，由预测误差的分布情况可以看出，预测误差基本都分布在 0℃ 附近。

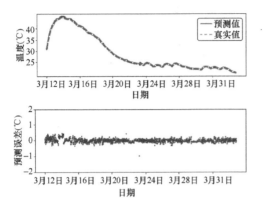

图5.22 中层4号温度时程预测结果

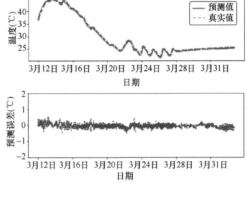

图5.23 中层5号温度时程预测结果

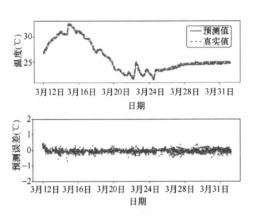

图5.24 底层1号温度时程预测结果

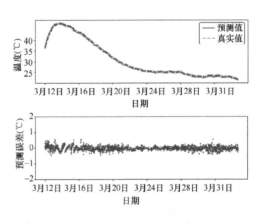

图5.25 底层2号温度时程预测结果

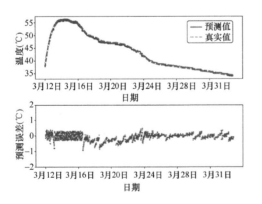

图5.26 底层3号温度时程预测结果

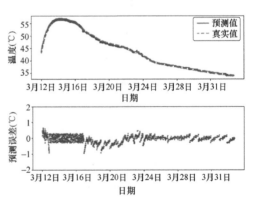

图5.27 底层4号温度时程预测结果

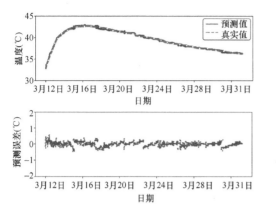

图 5.28　底层 5 号温度时程预测结果　　　　图 5.29　底层 6 号温度时程预测结果

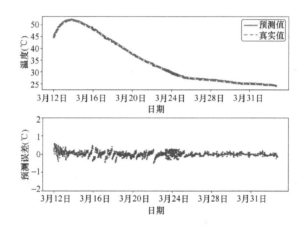

图 5.30　底层 7 号温度时程预测结果

使用各温度传感器获得的温度值的前 1/3 时刻实测值作为训练集，得到的训练模型对未来一段时间内的混凝土温度进行预测，模型验证结果如图 5.31~图 5.33 所示。

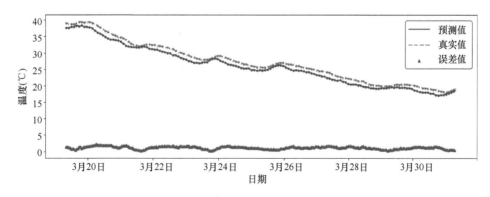

图 5.31　中层 6 号温度值预测结果

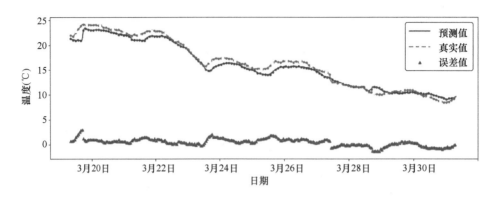

图 5.32　顶层 3 号温度值预测结果

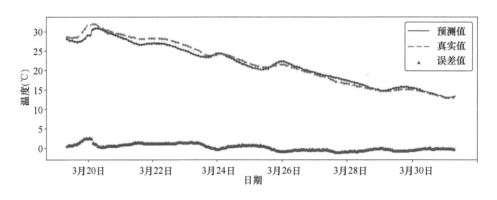

图 5.33　底层 1 号温度值预测结果

从上图可知，通过对温度传感器采集到的数据中前 1/3 时间段内数据的训练，并对后 2/3 时间段内数据的预测验证，得出模型的预测精度较高。预测曲面走势和实测曲线走势基本一致，温度误差范围在 4℃ 以内。其中，误差较高的主要集中在温度波动较大的时刻，当温度曲线平稳时，预测效果较好。

2）其他浇筑块验证

针对构建的 CART 模型，依据进水池左联底板数据进行了模型的训练，得到相应的预测模型，为验证该模型的适用性，选取泵房主机段左联和右联的混凝土浇筑中产生的数据进行模型的验证。

泵房主机段的浇筑采用跳仓法，其中泵房主机段左联混凝土浇筑时间自 5 月 8 日始，泵房主机段右联混凝土浇筑时间自 5 月 28 日始。泵房主机段左联和右联在浇筑过程中均埋设温度传感器，并且均布置三层，每层设置有 9 个。

选取泵房主机段左联混凝土上层的 1 号、2 号、5 号、6 号以及泵房主机段右联混凝土中层的 5 号、6 号、7 号、9 号作为验证点，计算验证时段分别选取混凝土浇筑完成后的前 10 天，即泵房主机段左联混凝土 5 月 8 日到 5 月 18 日的温度数据以及泵房主机段右联混凝土 5 月 28 日到 6 月 7 日的温度数据。

依据训练得到的模型，分别输入位置点数据、冷却水管数据、外界温度数据、风力数据、降雨数据等，得到各位置点的预测温度数据，并与实测温度数据进行对比，结果如图 5.34~图 5.41 所示。

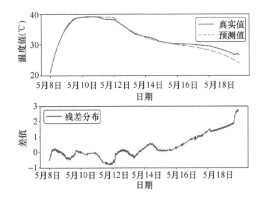

图 5.34　左联顶层 1 号预测结果

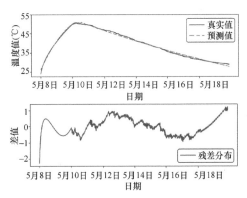

图 5.35　左联顶层 2 号预测结果

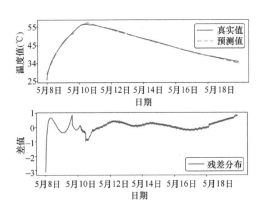

图 5.36　左联顶层 5 号预测结果

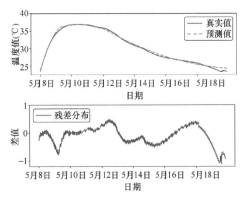

图 5.37　左联顶层 6 号预测结果

通过上述分析可知，训练得到的决策树模型鲁棒性较好，能够较好地对其他浇筑块的温度数据进行预测，模型对于温度数据的走势情况拟合较好。其中，对于主机段左联的混凝土温度预测值与真实值的误差范围小于 3℃，对于主机段右联的混凝土温度预测值与真实值的误差范围小于 2℃，其预测结果较好。

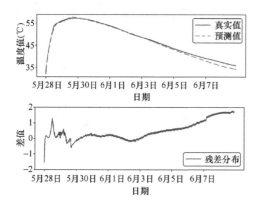

图 5.38　右联顶层 5 号预测结果

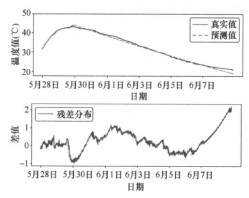

图 5.39　右联顶层 6 号预测结果

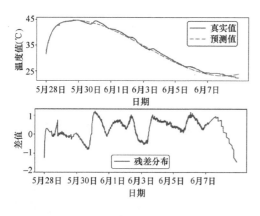

图 5.40　右联顶层 7 号预测结果

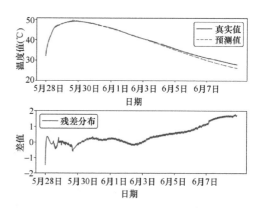

图 5.41　右联顶层 9 号预测结果

5.6　本章小结

本章引入大数据分析技术，对大体积混凝土温度预警的大数据分析思路进行梳理，继而构建了温度数据清洗处理模型和大数据的温度预警预测模型，对进水池左联底板的温度传感器采集到的温度数据进行大数据处理分析，构建的大数据预测模型的预测精度较高，可以有效地对大体积混凝土施工过程中的温度变化进行预测分析。

6 基于大数据的混凝土智能温控系统设计

大体积混凝土施工过程中,需要对其温度变化进行实时监测,以获取混凝土内部的温度变化以及分布规律,防止混凝土温度或温差过高,引起结构破坏。由于温度传感器仅能采集温度,无法对温度数据进行有效分析,基于此,本章将重点研究大体积混凝土的温度采集、温度存储、温度分析以及动态智能温控技术的应用处理,通过智能温控系统设计,提高混凝土温控施工效果。

对于传统的温控施工,多采用手持温度计采集单点温度,未能形成温度场的分析概念,而对于温控采集的温度数据,也缺乏跟施工方案制定时仿真的比较;本章拟开发形成集成式的智能温控系统,对采集到的温度进行分析处理,形成温度分析场,并通过和仿真温度场以及温控要求进行比较,实现动态温控。

6.1 智能温控系统建设内容

6.1.1 系统结构设计

大体积混凝土智能温控系统需要实现根据底层数据进行上层智能决策的功能,从而实现温度数据的感知、采集传输和数据存储决策分析,根据系统功能结构,可以采用分层分级的系统结构形式。

智能温控系统的结构由数据感知层、数据采集层和数据分析层三部分构成。其中数据感知层通过温度传感器来捕捉监测点的温度信息,并通过线缆把数据发送到数据采集层;数据采集层用来采集数据感知层上报的温度数据,该层主要由多通道的温度采集器构成,可对温度传感器的数据进行采集并向上转发给现场监测层;数据分析层用来处理数据采集层上报的数据,包括数据的存储、查询、分析及预警等,用户可以通过客户端软件方便地查询温控数据,并及时给出温度预警、方案调整等信息,为大体积混凝土温控施工提供相应的参考意见。

智能温控系统的硬件系统总体设计如图 6.1 所示。

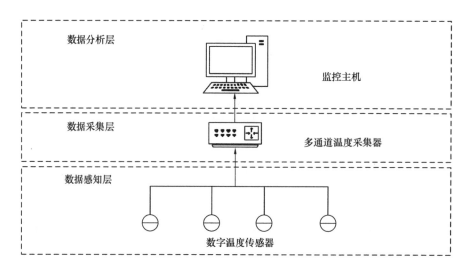

图6.1　硬件系统总体设计图

6.1.2　系统建设内容

在确定系统结构的基础上，需要针对系统结构，对其设计的软硬件系统进行选择，从而保证系统的功能效果。

系统建设内容包括：数据感知层设计、数据采集层设计和数据分析层设计。

数据感知层设计：确定采集温度数据的传感器选型，包括传感器的类型、性能要求、精度要求、数字传输要求等。

数据采集层设计：确定温度传感器的数据上传与接收通道设计。

数据分析层设计：通过软件开发技术，将获取的温度传感器数据进行存储、展示，耦合大数据分析技术，对原始数据进行清洗、处理、挖掘，实现温度趋势预测和预警，并结合温度分析结果给出动态智能调整策略和方案。

6.2　智能温控系统设计关键技术

在确定智能温控系统结构和建设内容的基础上，需要进一步研究系统开发设计的关键技术，从而实现系统的开发应用。针对该系统的结构和内容，其关键技术包括：硬件设备选择、数据存储调取、大数据混合编程技术、智能分析预警技术、动态温控技术。

6.2.1　硬件设备选择

智能温控系统硬件设备包括温度感知设备、温度采集设备以及软件集成设备，其中温度感知设备除满足温度监测的国家规范外，还应具有数字转发等功能；温度采集设备应满足对温度传感器感知的温度值的高效传输；软件集成设备可选择为一般配置的计算机设备。

6.2.2 数据存储调取

对于温度采集装置采集上传的温度数据，具有时间历时性，对于一些需要存储调取的数据，应当建立数据库结构满足系统反复调取使用。

数据库是实体结构，是能够合理保管数据的"仓库"，用户在该"仓库"中存放要管理的事务数据，"数据"和"库"两个概念结合成数据库；相比于传统的人工管理技术，数据库是数据管理的新方法和技术，它能更合适地组织数据、更方便地维护数据、更严密地控制数据和更有效地利用数据。

针对智能温控系统，其需要自动对采集到的温度数据按照相应的要求进行存储，并能够满足系统的自动读取和分析。

6.2.3 大数据混合编程技术

对于大数据的功能实现，需要借助相应的分析编程工具，Python 是进行大数据分析的常用计算机编程语言，Python 提供了高效的高级数据结构，还能简单有效地面向对象编程，Python 语法和动态类型，以及解释型语言的本质，使其成为多数平台上写脚本和快速开发应用的编程语言。

由于系统的软件开发多采用 C++ 技术，在软件开发中应用大数据模型结构进行分析，则需要解决 C++ 与 Python 的混合编程技术。混合编程为一种新型编程语言，能够在不同领域广泛应用，将 C++ 与 Python 语言功能融合，从而满足软件系统的大数据功能应用。

对于混合编程技术，可以采用 C++ 嵌入 Python 解释器直接调用的方式实现，通过将 Python 解释器嵌入 C++ 动态链接库的方式实现混合编程，对于 C++ 嵌入 Python 解释器实现混合编程的具体流程如图 6.2 所示。

对于各步骤的具体实现如下：

（1）构建 Python 运行环境，对于一般的

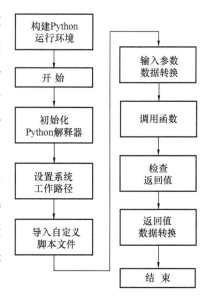

图 6.2 Python 与 C++ 混合编程流程图

Python 版本，其已经包含相应的版本 Python 动态库，不需要进行特别处理，在调用 Python 时，需要将用到的 Python 库（纯 Python 语言实现部分）打包压缩为一个 zip 文件，供运行时调用；

（2）初始化 Python 解释器：通过调用 Python 的 C 语言 API 函数 Py_Initialize，完成 Python 解释器的初始化；

（3）设置系统工作路径：通过调用 Python 的 C 语言 API 函数 PyRun_SimpleString，设置相应的系统路径；

（4）导入自定义脚本：通过调用 Python 的 C 语言 API 函数 PyImport_ImportModule，导入自定义的 Python 脚本；

（5）输入参数数据转换：通过调用 Python 的 C 语言 API 函数 Py_BuildValue，将 C++ 数据类型的输入参数转换为 Python 可以接受的输入参数；

（6）调用函数：调用 Python 的 C 语言 API 函数 PyObject_CallObject，执行自定义脚本中的函数，将控制权交给 Python 解释器，待 Python 脚本函数执行完毕后返回；

（7）检查并转换返回值：检查 PyObject_CallObject 函数的返回值，并将返回值转换为 C++ 的数据类型。

6.2.4 智能分析预警技术

智能温控系统应对监测数据进行分析，并能根据分析数据给出分析结果，例如对于采集到的中心点温度、表面点温度，自动计算内外温差，并给出内外温差的具体数值和是否超界的判断。通过分析温度数据，给出相应的分析结论，实现自动智能分析。

预警技术主要根据温度数据结合施工环境和外界因素的变化，进行大数据分析预测，根据温度预测结果进行智能分析，给出分析结论，对可能出现的越界进行警告，实现预警分析。

6.2.5 动态温控技术

动态温控是在混凝土浇筑期间，根据温度分布和变化规律，科学动态调整养护措施，保证温控效果，尤其是在现场所分析得到或预测得到的温控指标接近或超过所设置的温度警戒值时，及时调整养护措施和策略。

实现动态温控技术需要结合温度智能分析的结果，并依据相应的温度警戒值指标给出相应的动态温控调整策略，例如当监测得到的中心点与表面点温度超过

6 基于大数据的混凝土智能温控系统设计

25℃,给出的分析结论是:内外温差超过警戒值。同时,给出相应的调整策略为:增加通水流量、降低通水温度、加强表面养护、停止洒水养护等策略,以便现场施工人员及时根据温控调整策略进行温控措施的调整,从而满足温控要求。

6.3 数据感知层设计

数据感知层主要涉及硬件设备,即温度传感器的选择,温度传感器作为直接感知混凝土内部温度信息的重要部件,直接决定监测系统的测温性能,根据大体积混凝土温度监测需求分析,其性能应满足测温范围宽(0~100℃)、分辨率较高(1℃)等技术指标。

6.3.1 温度传感器选择

土木工程常用的温度传感器按照其感知机理一般可以划分为三类,即物理类、光学类和电学类。物理类温度传感器不具有大规模测温的实用性,因此以下仅选择电学类、光学类温度传感器进行对比探讨。

1)热敏电阻

热敏电阻传感器的电阻值随着温度变化而变化,热敏电阻一般来说分为两大类:一类是正温度系数热敏电阻;另一类是负温度系数热敏电阻。正温度系数热敏电阻器的电阻值随着温度的升高而升高,负温度系数热敏电阻器的电阻值随着温度的升高而降低。热敏电阻测量的温度和电阻值相关,往往需要对导线电阻加以补偿。

2)热电偶

热电偶作为一种能够感知温度变化的元器件,由两种不同成分的材质导体组成。两种不同成分的材质形成闭合回路,把两种不同成分材质放到不同的温度场中,两种不同成分材质之间就会形成电压。通过电压和温度之间的关系即可得出温度。在测温时,要求其一端温度保持不变,才可以准确推导出另一端的温度。

3)数字温度传感器

数字温度传感器能够把测得的温度直接转换为数字量并输出。其直接输出数字信号,因此测量的温度和导线长度无关,不需要专门的导线补偿。数字信号方便计算机、PLC、智能仪表等数据采集设备直接读取,不需要专用的解调设备,并且数字传感器在出厂时一般已经逐个标定,把标定信息一次写入其内部存储,在使用时可以直接读出温度。

4）光纤光栅温度传感器

光纤光栅温度传感器是近些年来新发展的一种传感器。它由光栅作为其敏感元件，通过光纤光栅的中心波长随着温度的变化来感知传感器所处位置的温度信息。由于器件本身是由石英基体为主的光纤制成，因此有着体积小、灵敏度高、不受外界磁场干扰等特点。另外，可以在一条光纤上串联多个光纤光栅传感器，从而大大简化线路的布设。

经过对比，数字温度传感器具有单线接口方式易于集成、测温范围大、误差小、支持多点组网的优点，较适合大体积混凝土较大规模测温的需要。最后选择型号为DS18B20 的数字温度传感器为温度采集元件。其测温范围为 -55 ~ +125℃，在 -10 ~ 80℃范围内精度为 ±0.5℃。

6.3.2 数字温度传感器 DS18B20 特性

数字温度传感器 DS18B20 具有以下特点：

（1）独特的单线接口仅需一个端口引脚进行通信；

（2）每个设备都有一个唯一的 64 位串行代码存储在内部的存储器中；

（3）多节点能力简化了分布式温度传感应用；

（4）无需外部器件；

（5）可通过数据线供电，供电范围：3.0 ~ 5.5V DC；

（6）测温范围：-55 ~ +125℃（-67 ~ +257℉）；

（7）在 -10 ~ +85℃范围内精度为 ±0.5℃；

（8）温度计的分辨率可选 9 ~ 12 位；

（9）最长在 750ms 内将温度转换为 12 位数据；

（10）可定义的非易失（NV）报警设置；

（11）报警搜索命令识别和处理设备，其温度超出设定的限值（温度报警条件）。

DS18B20 温度传感器的输出直接为数字信号。该温度传感器的分辨率可由用户设置为 9 位、10 位、11 位或 12 位，分别对应 0.5℃、0.25℃、0.125℃、0.0625℃。在上电状态下默认分辨率为 12 位。DS18B20 启动后保持低功耗等待状态，当需要执行温度测量和 AD 转换时，必须由总线控制器发出［44h］命令，转换后产生的温度数据以 2 个字节的形式存储在高速暂存器的温度存储器中，DS18B20 继续保持等待状态。当 DS18B20 由外部电源供电时，总线控制器在温度转换指令之后，发起"读时序”，DS18B20 正在温度转换中返回 0，转换结束返回 1。DS18B20 内部电路图如图 6.3 所示，寄存器存储格式如图 6.4 所示。

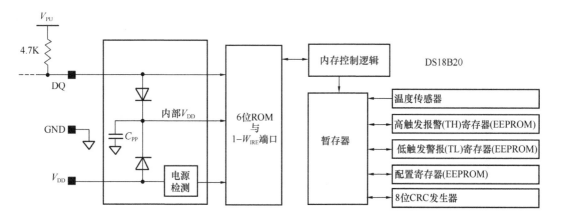

图 6.3 DS18B20 内部电路图

	bit7	bit6	bit5	bit4	bit3	bit2	bit1	bit0
LS Byte	2^3	2^2	2^1	2^0	2^{-1}	2^{-2}	2^{-4}	2^{-8}
	bit15	bit14	bit13	bit12	bit11	bit10	bit9	bit8
MS Byte	S	S	S	S	S	2^6	2^5	2^4

图 6.4 DS18B20 温度寄存器存储格式

6.4 数据采集层设计

数据采集层主要借助相应的硬件设备完成对温度传感器感知的温度数据进行转发上传，结合确定的 DS18B20 数字温度传感器，确定温度采集硬件设备为其配套的 DS18B20 多通道温度采集器。

6.4.1 DS18B20 多通道温度采集器特性

DS18B20 多通道温度采集器用来采集 DS18B20 温度传感器的温度数据，并将多路温度数据进行汇总，通过 Modbus 协议上传至监控平台。其特点如下：

（1）组网方便灵活：每个模块都有一个 ID 号，该 ID 号可远程在线更改；

（2）基于工业通用的 MODBUS-RTU 协议，方便接入各种工控系统；

（3）数据读写方便：一个命令可以读出所有模块测量数据或单独读出某个通道

数据；

（4）自带接口：RS485，可以直接与电脑连接；

（5）高精度，免校正：全数字化采集，不会因距离问题采集信号不准确；

（6）长距离采集，传感器与模块之间的距离可长达 500m。

6.4.2 温度采集通信协议

通信协议定义了温度采集器与上位机软件的通信方式，包括温度数据的查询，温度传感器硬件配置参数查询与设置以及采集器参数配置等。温度采集通信协议基于工业通用的 MODBUS-RTU 协议进行设计，并根据温度数据采集过程的特点对标准 MODBUS-RTU 协议进行了相应的调整，以下对该协议进行简要的描述。

1）查询温度数据

DS18B20 多通道温度采集器具有多个采集通道，因此进行温度数据查询时，需要指定通道号以及数据查询个数。温度数据读取通信协议报文格式如下：

【设备地址】【03】【通道号】【A0】【00】『个数』【CRC16】

其中设备地址是指采集器的地址，一般默认为 0x01。

0x03 表示 Modbus 协议功能号，即读寄存器。

通道号即为要读取的通道编号。

0xA0 00 表示读温度数据功能代码。

个数即为要读取的温度数据的个数。

CRC16 即为校验码，是对前边报文数据做 CRC16 校验计算，生成校验码。

例如，要读取通道 1 的 21 个温度数据，假定采集器地址为 0x01，则温度读取报文为：

01 03 01 A0 00 15 85 DB

温度采集器收到该报文后，将返回通道 1 的 21 个温度数据。例如，某次查询返回报文如下：

01 03 2A 01 0F 01 0F 01 0F 01 10 01 0E 01 0C 01 0F 01 0F 01 0F 01 0F 01 0D 01 0E 01 11 01 0E 01 0F 01 0F 01 12 01 11 01 16 01 0C 01 0D F6 63

其中 0x01 表示采集器地址。

0x03 表示读寄存器功能码。

0x2A 表示返回的数据长度，其为字节数，一个寄存器对应一个温度数据，每个寄存器可存放 2 个字节，因此查询 21 个温度数据，需返回 42 个字节。

0x01 0F 表示第一组温度数据，该数据放大了 10 倍，因此除以 10 可得该温度数据，即（1×256＋15）/10＝27.1℃。

其他温度数据，依次类推。

0xF6 63 表示 CRC16 校验码。

2）查询温度传感器地址

每个温度传感器都具有一个唯一的编号，相当于人的身份证号，温度采集器工作时需记下每个传感器的编号，以免数据发生错乱。设备出厂时需对温度传感器进行校验，判断是否绑定成功，温度传感器地址查询报文格式如下：

【设备地址】【23】【02】【通道号】【00】【个数】【CRC16】

其中设备地址同 1）小节。

0x23 为自定义功能码，代表查询传感器地址。

通道号即为要查询的传感器所在的通道编号，该字节内容与前一字节内容 0x02 一同构成查询起始地址。

个数即为要查询的地址个数，该字节内容与前一字节内容 0x00 一同构成查询地址个数。

CRC16 同 1）小节。

例如，要读取通道 1 的 21 个传感器地址，假定采集器地址为 0x01，则地址读取报文为：

01 23 02 01 00 15 55 BA

温度采集器收到该报文后，将返回通道 1 的 21 个温度传感器地址数据。例如，某次查询返回报文如下：

01 23 A8 28 ED 5E 21 0D 00 00 A5 28 07 29 22 0D 00 00 F7 28 EB 56 22 0D 00 00 A1 28 18 58 22 0D 00 00 28 28 F0 2D 21 0D 00 00 97 28 05 E3 21 0D 00 00 8E 28 A7 DE 21 0D 00 00 D4 28 4B 3A 22 0D 00 00 CD 28 BE C5 21 0D 00 00 15 28 88 4E 22 0D 00 00 79 28 00 A9 21 0D 00 00 31 28 54 0E 22 0D 00 00 29 28 3B 30 22 0D 00 00 E8 28 42 6B 21 0D 00 00 8B 28 CC 9C 21 0D 00 00 85 28 D1 7B 21 0D 00 00 1F 28 C7 2A 21 0D 00 00 AE 28 4B 52 21 0D 00 00 6A 28 87 59 21 0D 00 00 F8 28 8B 2C 21 0D 00 00 3A 28 BA 6A 21 0D 00 00 95 1E D0

其中 0x01 表示采集器地址。

0x23 表示自定义功能码。

0xA8 表示返回的数据长度，其为字节数，一个传感器地址占 8 字节，因此 21 个地址长度为 168。

0x28 ED 5E 21 0D 00 00 A5 表示第一个传感器的地址，共 8 个字节。

其他地址数据，依次类推。

0x1E D0 表示 CRC16 校验码。

3）配置传感器地址

当采集器更换一组温度传感器时，需要重新绑定传感器地址，地址配置报文格式如下：

【设备地址】【22】【0C】【通道号】【位置】【ID】【CRC16】

其中设备地址同 1）小节。

0x22 为自定义功能码，代表修改传感器地址。

通道号即为要查询的传感器所在的通道编号，该字节内容与前一字节内容 0x0C 一同构成通道信息。

位置即为待修改的传感器位置。

ID 即为待修改的传感器的地址码，共 8 个字节。

CRC16 同 1）小节。

例如，要修改通道 1 的第 1 个传感器的地址信息，假定采集器地址为 0x01，则地址修改报文为：

01 22 0C 01 01 28 CD 9B 1F 03 00 00 1F CD 00

采集器收到该报文后，将返回修改确认报文。例如，地址信息修改成功后，返回报文如下：

01 22 08 28 CD 9B 1F 03 00 00 1F 12 6F

其中 0x01 表示采集器地址。

0x22 表示自定义功能码。

0x08 表示地址确认功能码。

0x28 CD 9B 1F 03 00 00 1F 表示已修改为该地址码。

0x12 6F 表示 CRC16 校验码。

4）修改设备地址

采集器地址默认为 0x01，在某些场合下该地址码可能会与其他设备地址冲突，因此需要根据实际情况修改为合适的地址号，设备地址修改报文格式如下：

6 基于大数据的混凝土智能温控系统设计

【当前设备地址】【06】【00】【00】【00】【更改后设备地址】【CRC16】

其中当前设备地址是指修改前的设备地址。

0x06 表示写寄存器功能码。

0x00 00 表示寄存器地址。

更改后设备地址即为要变更的设备地址，该字节内容与前一字节内容 0x00 一同构成变更后的地址信息。

CRC16 即为校验码。

例如，将设备地址由 1 改为 8，报文如下：

01 06 00 00 00 08 88 0C

采集器收到报文后，如果修改成功，返回如下报文：

08 06 02 00 08 65 4F

其中 0x08 为修改后的设备地址。

0x06 为写寄存器功能码。

0x02 表示返回的数据长度，即字节数。

0x00 08 为修改后的设备地址。

0x65 4F 为 CRC16 校验码。

5）修改波特率

某些场景下需要修改采集器的波特率以适应上位机软件的要求，波特率修改报文如下：

【设备地址】【06】【00】【02】【00】【波特率】【CRC16】

其中设备地址为采集器的设备地址。

0x06 为写寄存器功能码。

0x00 02 为寄存器地址。

波特率即为要修改的波特率编号，其中 00 表示 4800bps，01 表示 9600bps，02 表示 19200bps，03 表示 57600bps，该字节内容与前一字节内容 0x00 一同构成变更后的波特率信息。

CRC16 为校验码。

例如，将波特率设置为 19200，假定采集器设备地址为 0x01，报文如下：

01 06 00 02 00 02 A9 CB

采集器收到该报文后，如果修改成功，将返回如下报文：

01 06 02 00 02 39 49

其中 0x01 为设备地址。

0x06 为写寄存器功能码。

0x00 02 为寄存器地址。

0x00 02 为写入寄存器的内容。

0xA9 CB 为 CRC16 校验码。

6.5 数据分析层设计

数据分析层主要针对采集到的温度数据进行分析，并给出相应的分析结论和调整策略，数据分析层是系统的核心，应满足对温度数据的显示、分析、预警、温控策略调整，并支持对数据库的修改、历史数据查询等。

6.5.1 功能模块设计

根据大体积混凝土温度监测以及智能温控系统的功能要求，进行数据分析层的各功能模块设计，其功能模块设计如图 6.5 所示。

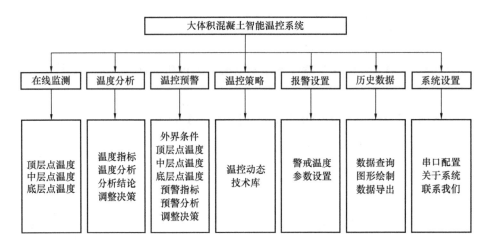

图 6.5 数据分析层功能模块设计示意图

根据功能模块设计，其包括如下功能模块：

（1）在线监测功能：对于采集到的温度数据进行在线监测显示；

（2）温度分析功能：对于监测到的温度数据进行温度指标分析，给出分析结论和调整策略；

(3) 温控预警功能：根据监测到的数据，结合外界条件的变化，对温度分布和变化进行大数据预测，对预警指标进行分析，并给出相应的调整决策；

(4) 温控策略功能：用于根据温度指标设定相应的动态调整技术，并支持对温控策略的修改、删减和添加功能；

(5) 报警设置功能：对警戒温度进行设置，对报警的触发条件进行设置；

(6) 历史数据查询功能：对于已经发生的历史数据进行存储，支持查询、绘图和数据导出等功能；

(7) 系统设置：对硬件的串口配置、系统说明和开发联系人员等功能。

6.5.2 开发环境与工具

结合系统设计的关键技术，选定系统采用 C++ 语言进行开发，开发工具为 Microsoft Visual Studio 2010，界面设计则采用 Qt 进行开发，温控预警相关功能模块由 Python 提供核心计算功能，C++ 进行界面展示，数据库方面则采用主流的开源数据库软件 MySQL，以下对涉及的开发环境和工具介绍如下：

1）C++ 语言

C++ 是在 C 语言的基础上开发的一种面向对象编程语言，应用非常广泛。常用于系统开发、引擎开发等应用领域，具有支持类、封装、继承、多态等特性。C++ 语言灵活，运算符的数据结构丰富、具有结构化控制语句、程序执行效率高，而且同时具有高级语言与汇编语言的优点。

2）Python 语言

Python 是一个高层次的结合了解释性、编译性、互动性和面向对象的脚本语言。Python 具有易于学习、易于阅读、易于维护等特点，并且拥有完善的基础代码库，覆盖了网络、文件、GUI、数据库、文本等大量内容，可以帮助开发人员处理各种工作，此外还有大量的第三方库。其可用于 Web 和 Internet 开发、科学计算和统计、人工智能、后端开发以及网络接口等应用场景。近年来随着人工智能和大数据的迅猛发展，Python 语言逐渐成为最受欢迎的程序设计语言之一。其强大的第三方库，给大数据分析带来了极大的便利。

3）Microsoft Visual Studio 2010 集成开发环境

Visual Studio 是微软公司推出的开发环境，是目前最流行的 Windows 平台应用程序开发环境。其可以用来创建 Windows 平台下的 Windows 应用程序和网络应用程序，也可以用来创建网络服务、智能设备应用程序和 Office 插件。Visual Studio 2010 版本于 2010 年 4 月 12 日上市，其集成开发环境（IDE）的界面被重新设计和组织，变得更加简单明了，成为经典的 Windows 平台应用程序开发工具。

4）Qt 开发环境

Qt 是一个由 Qt Company 开发的跨平台 C ++ 图形用户界面应用程序开发框架。它既可以开发 GUI 程序，也可用于开发非 GUI 程序，比如控制台工具和服务器等。Qt 提供了应用程序开发的一站式解决方案，除了可以绘制漂亮的界面（包括控件、布局、交互），还包含很多其他功能，比如多线程、访问数据库、图像处理、音频视频处理、网络通信、文件操作等。此外 Qt 提供免费的开源版本，特别适合中小型开发团队进行桌面程序设计。

5）Python 开发环境

IDLE 是 Python 所内置的开发与学习环境，安装 Python 安装包时会自动安装该开发环境，其可提供输入输出高亮和错误信息的 Python 命令行窗口，并提供持久保存的断点调试、单步调试、查看本地和全局命名空间功能的调试器，是最纯正简洁的 Python 开发工具。Python 脚本需运行在解释器环境下，即该工具是必不可少的开发环境。

6）MySQL 数据库

MySQL 是最流行的关系型数据库管理系统之一，所使用的 SQL 语言是用于访问数据库的最常用标准化语言。MySQL 软件采用了双授权政策，分为社区版和商业版，其中社区版具有体积小、速度快、总体拥有成本低等特点，尤其它是开放源码，可被免费使用，一般中小型网站的开发都选择 MySQL 作为核心数据库以降低企业运营成本。MySQL 数据库特别适合大体积混凝土温度实时监测及智能预警系统的开发。

6.5.3 系统软件开发设计

针对数据分析层的功能模块，采用上述开发环境与工具进行功能开发，系统登录界面如图 6.6 所示。

输入用户名和相应的密码，可以登录进入界面。

进入系统后可以看到各功能的标题栏，如图 6.7 所示。

点击不同的一级标题，出现二级标题的下拉菜单，单击相应的二级标题，进入二级标题的显示界面。

6 基于大数据的混凝土智能温控系统设计

图6.6 系统登录界面

图6.7 系统软件标题栏界面

6.5.4 在线监测功能

在线监测功能对温度传感器上传的温度数据进行实时显示,以反映当前混凝土的温度分布情况,同时在线监测还可以实时监测外界气温变化,对外界气温进行实时显示。

由于监测点位较多,且一般分为三层设置,为了便于用户查看,分为顶层温度、中层温度、底层温度显示,每层温度均显示测点的实时温度值以及外界气温值(图6.8)。

用户点击顶层温度、中层温度或底层温度,弹出相应层的温度显示界面以及外界气温,所有温度值定时刷新。

点击温度云图,可以弹出相应时刻的温度云图界面。

6.5.5 温度分析功能

温度分析功能包括四个二级功能菜单,分别为温度指标、温度分析、分析结论

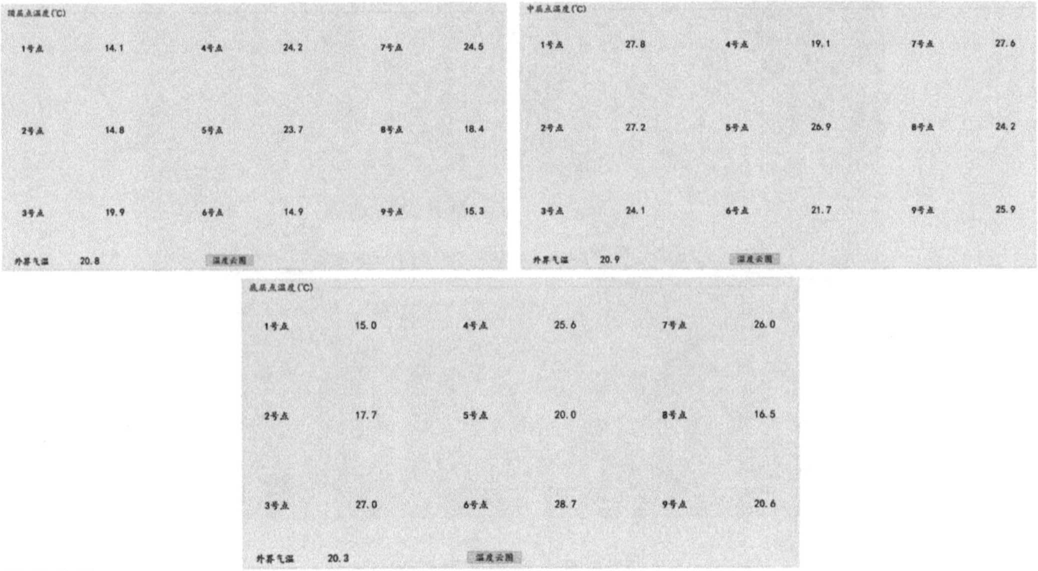

图 6.8 温度在线监测功能界面

和调整策略功能。

其中温度指标主要显示各温度指标值的实时情况，根据监测点位的数据情况进行分析计算，分析混凝土的中心点温度、混凝土最大内外温差、表面点最低温度、最大降温速率以及表面温度与气温的最大差值，温度分析针对温度指标数据进行判断，以进度条的方式显示，显示当前温度指标的状态（图6.9）。

对温度指标进行分析，可以给出温度指标的分析结论，正常或异常；当温度分析结论显示正常时，调整决策显示为空；当温度分析结论显示异常时，会根据异常的数据点位，调用"温控动态处理技术库"，并给出相应的调整策略，其界面显示如图6.10所示。

6.5.6 温控预警功能

温控预警功能包括：外界条件输入、顶层点温度预测、中层点温度预测、底层点温度预测、预警指标、预警分析、调整决策等功能，其根据未来1d的天气情况，预测未来时间段（1d内）的温度测点的变化趋势，其需要调取相应的大数据分析模型和存储的历史数据，给出预警指标、预警分析和调整决策。

用户需要输入未来1d的外界气温和天气情况，包括未来1d的最高温度、最低温度、天气情况（下拉选项）、风力情况（下拉选项），其界面设计如图6.11所示。

6 基于大数据的混凝土智能温控系统设计

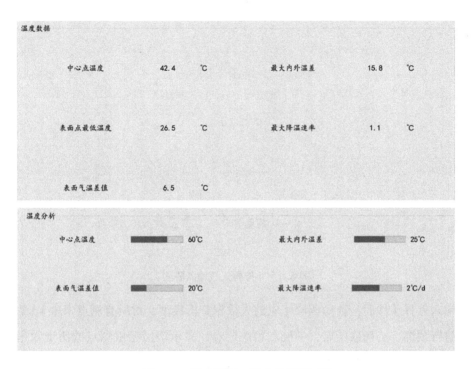

图6.9 温度指标及温度分析界面图

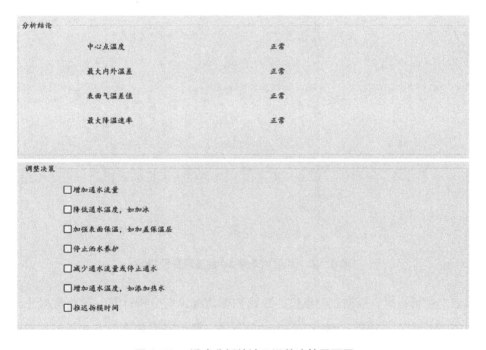

图6.10 温度分析结论及调整决策界面图

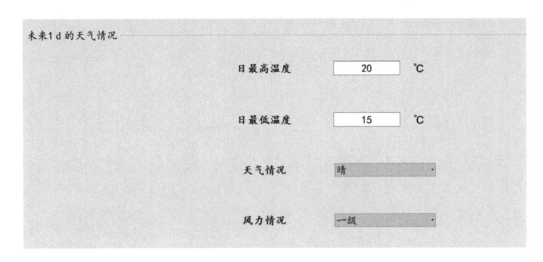

图 6.11　外界天气输入界面

输入外界条件后，自动调取相应的大数据分析模型，对所有测点未来 1d 的温度趋势进行预测，选择顶层点、中层点和底层点，显示该层温度测点的历史数据和未来 1d 的温度预测数据，其界面显示如图 6.12 所示（仅显示顶层点）。

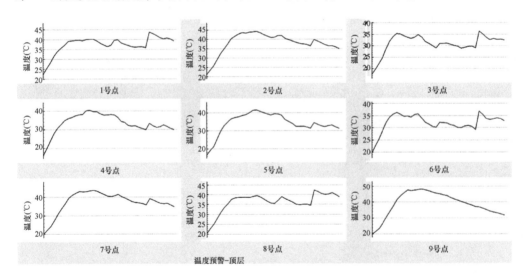

图 6.12　顶层点未来 1d 温度趋势预测图

点击预警指标，根据监测点位的预测数据情况进行分析计算，分析混凝土未来 1d 内的最大中心点温度、混凝土最大内外温差、最大降温速率以及表面温度与气温的最大差值，温度分析针对温度指标数据进行判断，以进度条的方式显示，显示预警温度指标的状态（图 6.13）。

6 基于大数据的混凝土智能温控系统设计

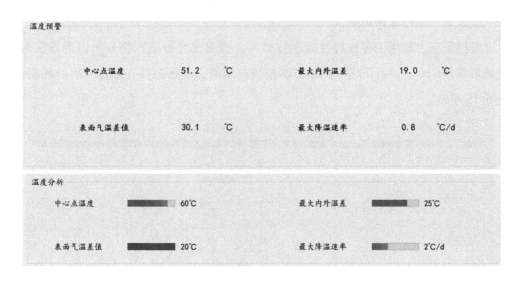

图6.13 预警指标及预警分析界面图

对预警指标进行分析,可以给出预警指标的分析结论,正常或异常;当预警分析结论显示正常时,调整决策显示为空;当预警分析结论显示异常时,会根据异常的数据点位,调用"温控动态处理技术库",并给出相应的调整策略,其界面显示如图6.14所示。

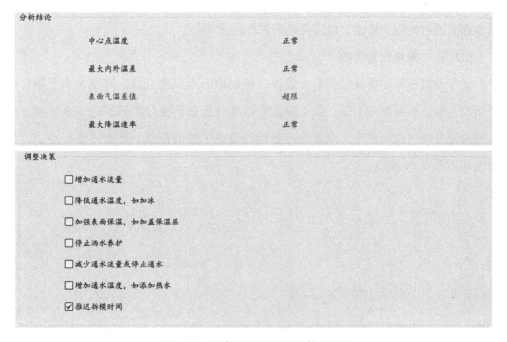

图6.14 预警结论及调整决策界面图

6.5.7 温控策略功能

温控策略主要用于存放温控处理技术库,当温度分析或预警分析出现异常时,会调取该技术库,并给出相应的动态温控调整策略,动态温控处理技术库的界面如图 6.15 所示。

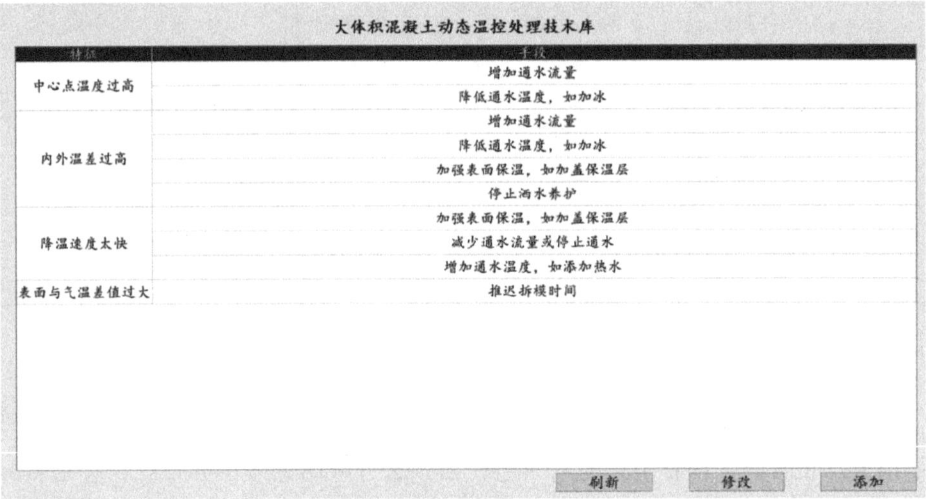

特征	手段
中心点温度过高	增加通水流量 降低通水温度,如加冰
内外温差过高	增加通水流量 降低通水温度,如加冰 加强表面保温,如加盖保温层 停止洒水养护
降温速度太快	加强表面保温,如加盖保温层 减少通水流量或停止通水 增加通水温度,如添加热水
表面与气温差值过大	推迟拆模时间

图 6.15 动态温控处理技术库

该技术库支持修改、添加和删除等功能,针对不同的工程和措施,用户可以在该数据库进行相应的修改,以实现动态温控的通用性。

6.5.8 报警设置功能

报警设置主要用于设置各警戒温度,例如中心点温度上限、降温速率上限、内外温差上限、表面温差上限,该上限值是温度分析和预警分析的基础,也是温度分析和预警分析出现异常点后调取动态温控处理技术库的依据,其支持修改功能,界面设计如图 6.16 所示。

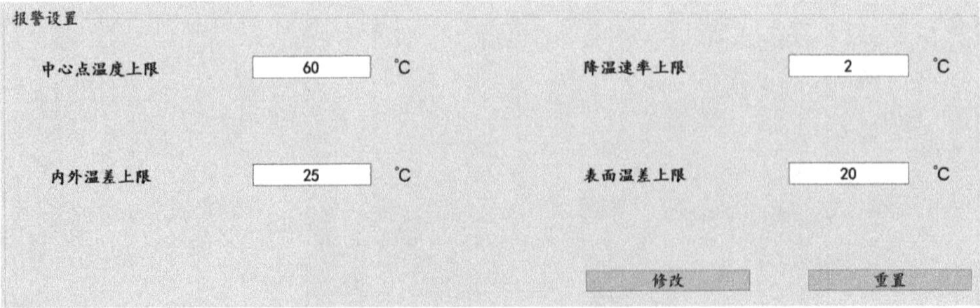

图 6.16 报警设置界面设计图

6.5.9 历史运行数据功能

历史运行数据查询支持选择开始时间和结束时间，支持查询各层温度数据，并支持绘制各层各点位数据的温度历史曲线，支持导出数据（txt 格式和 excel 格式），其界面设计如图 6.17 所示。

图 6.17 历史运行数据界面设计图

6.5.10 系统设置功能

系统设置主要涉及串口配置，包括打开串口、关闭串口，选择相应的串口号、波特率、校验位、数据位、停止位等，以便于系统与硬件设备的连接互通，其界面如图 6.18 所示。

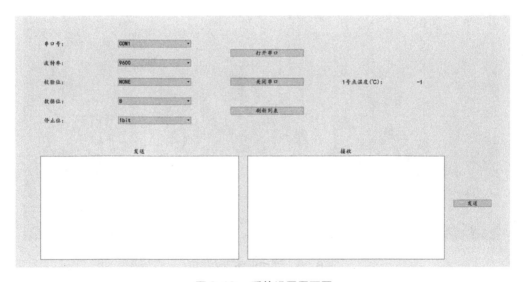

图 6.18 系统设置界面图

6.5.11 帮助功能

帮助功能主要涉及系统的说明以及系统开发者的联系方式，其界面如图 6.19 所示。

图 6.19 帮助界面图

6.6 工程应用

6.6.1 系统安装应用

在周口市鹿邑县后陈楼加压泵站的大体积混凝土施工过程中，应用本书开发的混凝土智能温控系统进行实时温度采集和分析，其现场连接安装及应用如图 6.20 ~ 图 6.22 所示。

图 6.20 系统现场调试应用

6 基于大数据的混凝土智能温控系统设计

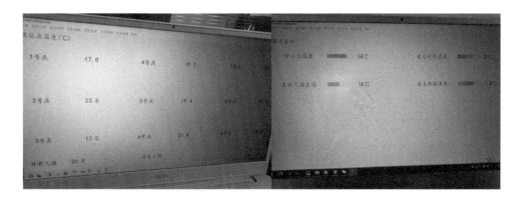

图 6.21 系统现场应用

图 6.22 混凝土浇筑效果图

6.6.2 预警策略应用

在大体积混凝土浇筑期间,应用上述系统进行温度实时的在线监测、分析,并根据天气预报进行预警分析,以对混凝土的温控施工进行有效指导。

进水池底板左联浇筑过程中,制定相应的温度策略。由于浇筑期位于3月,外界气温较低,采用通冷却水管+覆盖保温层的方式进行养护。3月21日,根据天气预报显示有寒潮天气,最低气温降低至0℃,最高气温仅为12℃,平均降温幅度大于5℃,天气预报风力为2级,天气情况为阴天。

采用本书构建的温度预警分析系统,对未来降温时段的中心点和表面点温度进行预警,其预警得到的中心点及表面点温度如图6.23、图6.24所示。

根据该外界气温进行温度预警分析,分析结果显示,中心点温度和表面点温度

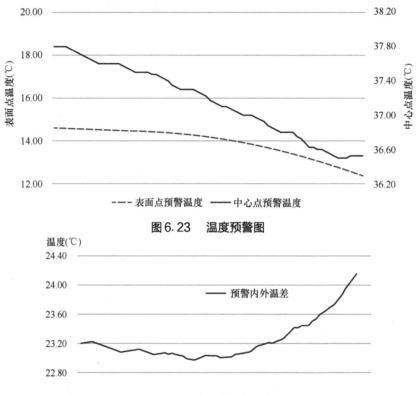

图6.23　温度预警图

图6.24　温度预警内外温差图

的差值将超过23℃，接近温度预警指标的警戒值，系统警告，并建议对表面进行保温，适当增加通水流量。

根据动态温控调整策略，采用加大保温层，在原有保温的基础上，多覆盖一层棉被，通过采集温度，其温度变化正常，加盖保温层后其温度变化如图6.25、图6.26所示。

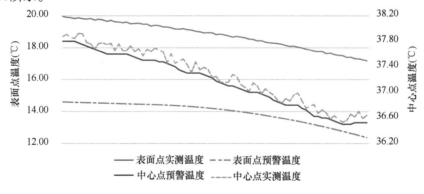

图6.25　温度预警与实测对比图

6 基于大数据的混凝土智能温控系统设计

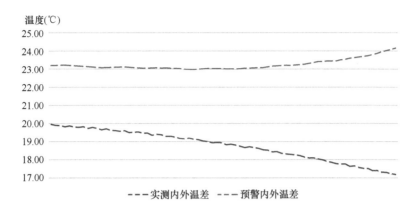

图6.26 内外温差对比图

通过加盖棉被，可以有效提升表面点温度，其中加盖棉被对中心点温度变化影响不大，但是对表面点温度影响较大，通过加盖棉被，表面点温度上升约5℃，内外温差降低至20℃以下，满足要求，棉被的保温效果可保持在5℃左右。

天气升温后，为了保证正常散热，防止热量积累，可以在升温后及时拆除棉被。

6.6.3 温度云图应用

在采集到各温度测点的情况下，可以对原有仿真结果进行修正，并依据温度场扩散原理，根据采集到的点位信息，形成温度场分布云图，将上述功能应用到温度监测预警中，可以便于对温控过程进行全面分析，以泵房底板的底层断面为例，某时刻其温度云图效果如图6.27所示。

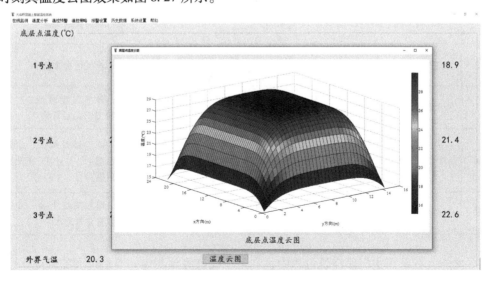

图6.27 底层点温度云图

由于布设冷却水管，其温度场变化相对较为复杂，尤其是水管附近处温度场求解复杂，为便于计算求解，根据朱伯芳院士提出的"等效水管法"计算理论，在平均意义上考虑水管的冷却作用，得到其温度云图分布，如图6.27所示。

对于温度云图的计算，可以采用实测修正的方法，即根据仿真结果得到某时刻的理论断面温度云图，该理论断面温度云图包含各点的温度数据，利用实测点的温度数据对其进行修正即可。修正时，可以采用等梯度差分法，对于测点附近点，可以采用相邻测点的差值进行修正。通过该方法可以将理论断面温度云图依据实测点不断修正，从而实现对温度云图的动态修正。

得到混凝土的温度场变化，不仅可以分析混凝土断面的温度数据、温度梯度数据以及内外温差数据等，了解其温度变化和分布情况，还可以与仿真结果进行对比，以判定现有温度状态是优于仿真还是劣于仿真，以便及时增加或者减少温控措施，既避免过度采用温控措施导致经济浪费，又可以保证其温控效果和安全裕量。

6.6.4 动态调整应用

在进水池底板左联浇筑过程中，采用上述智能温控系统，当温度分析出现异常或者预警值超界时，给出相应的调整策略；在养护过程中，共涉及温度策略调整6次，其统计如表6.1所示。

进水池底板左联动态温控调整统计表   表6.1

序号	警告类别	异常类型	出现时间	调整策略	备注
1	在线监测	内外温差过大	3月14日8:05	加大通水流量，降低通水水温	增加泵机功率
2	在线监测	降温速度过快	3月15日20:20	减少通水流量，恢复正常通水水温	恢复正常通水
3	在线监测	内外温差过大	3月16日7:55	加盖棉被保温层	外界温度较低，3月23日升温后拆除
4	温度预警	内外温差过大	3月20日20:00	加盖棉被保温层	降温幅度较大，加盖保温层，3月23日升温后拆除
5	在线监测	内外温差过大	3月26日18:05	适当加大通水流量	增加泵机功率，1d后恢复正常通水

此外，在泵房主机段浇筑过程中，利用在线监测预测内外温差过大的工况3次，经过温控措施调整，降低了内外温差；对于温度预警，监测出6月出现极端高温天

气（6月5日~6月8日出现38℃高温天气），给出预警警告，及时增加通水流量，并降低通水温度，降低了中心点温度，保证了浇筑质量。

通过应用大体积混凝土智能温控系统，对数据进行分析预警，可以有效对温控施工进行动态调整，保证混凝土的浇筑质量和温控效果，具有较强的实用价值。

6.6.5 大数据技术应用

本系统引入大数据分析技术和理念，可以对温控施工进行预测预警及动态温控调整。对于不同措施调整下的温控效果，引入大数据分析后，可以对其温控效果进行自学习，形成温控施工全过程的大数据分析体系，既实现闭环仿真与动态调整，又能对温控措施的效果进行学习，形成智能化的、带有专家学习的大数据智能系统，固化优选的温控方案，以便为后续施工和其他类似工程提供参考。

6.7 本章小结

本章针对大体积混凝土智能温控系统进行研究，确定系统结构为数据感知层+数据采集层+数据分析层的层级结构，在此基础上，就系统设计的关键技术进行分析，并对各层结构进行设计，开发完成大体积混凝土智能温控系统，并将其用于实际温控施工中，以对温控进行智能调整；通过开发集成式的智能温控效果，形成大数据下的智能温控，实现温度场的监测对比分析，通过动态温控，提高温控施工的综合效果。

7 结论与展望

7.1 项目创新点

本书对大体积混凝土的温控方案确定进行研究，考虑温控施工的经济、时间、技术、效果、风险、环境等影响因素，构建了多目标评价体系，利用定性结合定量的方法，应用层次分析和模糊数学模型，确定合理科学的温控施工方案；基于大数据分析理论和方法，构建了大体积混凝土温度的大数据预测预警模型，结合软件开发技术和硬件系统，融合大数据分析技术，开发形成了实用的大体积混凝土智能温控系统。

总结本书的主要内容如下：

（1）考虑大体积混凝土温控施工的经济、时间、技术、效果、风险、环境等影响因素，构建了多目标综合评价体系，并结合层次分析和模糊数学理论，构建了相应的评价模型；采用定性+定量的评价方案，应用方案初选、方案优选和方案确定的递进式评价模式，结合大数据机器学习、权重系数消噪、仿真定量分析等处理方法，实现温控方案的合理确定；

（2）基于大数据分析理论和方法，对施工过程中的温度采集数据进行大数据处理，提高原始数据的质量和有效性，基于机器学习算法，应用 CART 模型构建了大体积混凝土的温度预测预警模型，实现对施工阶段大体积混凝土温度点的准确预测；

（3）结合系统硬件与软件平台设计，构建了层级结构的混凝土温控智能分析系统，融合温度采集、数据存储、大数据混合编程、智能分析预警、动态温控等技术，开发形成了大体积混凝土智能温控系统，实现了温控施工中的温度采集监测、数据存储、数据分析、数据预警、智能温控调整等功能。

7.2 应用及效益分析

本书针对大体积混凝土温控方案决策和智能温控施工进行深入分析，具有较强的工程实用价值，对于大体积混凝土温控方案制定、温控施工具有较强的指导意义。

本书提供的大体积混凝土温控方案多目标决策模型可以充分考虑施工的各影响因素，通过更改各影响因素的权重系数，可以适用于不同的应用场景，该模型和方法可以广泛应用于大体积混凝土施工方案的制定中；采用定性+定量和递进评价模式，有助于确定切实可行的温控方案，对温控施工具有较强的指导意义；构建的智能温控系统，应用大数据分析技术，可以较为准确地实现温度数据的预测预警，该系统可以仅用于在线温度监测，也可以拓展到温度分析报警、温度预测预警、动态温控调整等，具有较为普遍的使用价值。

本书提供的决策模型综合考虑施工的各影响因素，通过合理决策，可以避免人为主观认识的偏差，有助于确定合理、科学、可行的温控施工方案，综合考量各影响因素，具有明显的综合效益；采用大数据智能分析技术，便于及时分析混凝土温度分布和变化情况，并对未来趋势做出合理预测，有助于及时调整温控策略，避免出现结构破坏，具有较强的工程价值和经济效益。

综上所述，本书所提出的基于大数据的混凝土温控施工多目标决策及智能温控技术，可以提高决策准确性，并可对温控施工中的温度变化进行分析预警及动态调整，具有较强的使用推广价值。

7.3 展望

大体积混凝土温控方案的制定和现场温度控制受施工条件、外界环境条件等多因素的约束，是一个相对复杂的、非确定性的求解系统。本书采用大数据分析技术，对大体积混凝土温控方案的制定和现场温控施工进行了探索研究，解决了温控方案制定和动态智能温控施工的部分关键技术问题，但对于大体积混凝土的温控决策与动态控制，还需要进行如下研究工作：

1）针对不同的工程条件，合理确定温控方案决策的影响因素，对各影响因素的权重系数进行科学合理确定，消除人为判断误差，提高决策方案的科学性和合理性；

2）对于大体积混凝土的温度预测分析，大数据分析技术虽然可以根据数据源进行挖掘学习，但未考虑温度分布、扩散变化的物理规律，引入相应的物理模型，结合大数据分析技术，可以更为准确地对温度变化进行预测，进一步提高预测精度；

3）综合考虑施工经验，构建智能温控技术的专家学习系统，不断完善动态温控调整技术，有条件的情况下，通过设置自动控制的温控系统，实现温控分析调整的全自动实现；

4）本书未考虑温度应力的变化，后续可以通过设置温度应力采集装置，应用本书提供的大数据分析和智能温控技术，对温度应力进行控制调整，提高温控施工效果。

参 考 文 献

[1] 中华人民共和国中央人民政府. 水利改革发展"十三五"规划解读[EB/OL]. [2016-12-29]. http：//www. gov. cn/xinwen/2016-12/29/content_ 5154306. htm？allContent#1.

[2] 中华人民共和国中央人民政府. 中共中央关于制定国民经济和社会发展第十四个五年规划和二〇三五年远景目标的建议[EB/OL]. [2020-11-3]. http：//www. gov. cn/zhengce/2020-11/03/content_ 5556991. htm.

[3] 朱伯芳. 大体积混凝土温度应力与温度控制[M]. 2版. 北京：中国水利水电出版社，2012.

[4] 中华人民共和国住房和城乡建设部，中冶建筑研究总院公司，中交武汉港湾工程设计研究院公司，等. 大体积混凝土施工标准 建筑规范：GB 50496—2018[S]. 北京：中国建筑工业出版社，2023.

[5] 王铁梦. 工程结构裂缝控制[M]. 北京：中国建筑工业出版社，1997.

[6] 河海大学. 水工钢筋混凝土结构学[M]. 4版. 北京：中国水利水电出版社，2009.

[7] 蔡润梁. 大体积混凝土温度裂缝控制技术研究与时间[D]. 武汉：武汉理工大学，2003.

[8] 周睿敏，张文秀. 金融科技创新风险及控制探析：基于大数据、人工智能、区块链的研究[J]. 中国管理信息化，2017(19)：33-36.

[9] 陈明奇，黎建辉，郑晓欢，等. 科学大数据的发展态势及建议[J]. 中国教育信息化，2016 (21)：5-9.

[10] 韩志群. 智慧气象在农业服务中的运用研究[J]. 农业技术，2019，39(18)：141-142.

[11] 韩仰. 浅述人工智能技术在天气预测领域中的应用[J]. 通讯世界，2019，26(4)：265-266.

[12] 区永光. 大数据在气象服务中的应用研究[J]. 科技风，2020(33)：78-79.

[13] 刘亚琼. 大体积混凝土预埋冷却水管的效果研究[D]. 贵阳：贵州大学，2009.

[14] H C Foo G Akhras. Expert Systems and Design of Concrete Mixtures[J]. Concrete International，1993，15(7).

[15] WILSON E L. The determination of temperatures within mass concrete structures：UCB/SESM-1968/17[R]. Berkeley：Department of Civil Engineering, University of California，1968.

[16] RUPER SPRINGENSHMID, ROLF BREITENBUCHER. Beurteilung der Rerbneigung Anhand Der

Rbtemperatur Von Jungenm Beton Bei Zwang[J]. Betonund Stahlbetonbau, 1990: 161-167.

[17] ENRIQUE MIRAMBELL, ANTONIO AGUDO. Temperature and Stress Distributions in Concrete Box Grider Bridges[J]. Journal of Structural Engineering, 1990, 116(9): 2388-2409.

[18] BARRETT P K, et al. Thermal Structure Analysis Methods for RCC Dams[J]. Proceeding of Conference of Roller Compacted Concrete Ⅲ, Sam Diedo, California, 1992: 389-406.

[19] MATS EMBORG, STIG BEMANDER. Assessment of Risk Thermal Cracking in Harding Concrete[J]. Journal of Structural Engineering, 1994, 120(10): 2893-2911.

[20] CERVERA. Thermo-Chemo-Mechanical Model for Concrete[J]. Journal of Engineering Mechanics, 1999, 125(9): 1018-1027.

[21] Y WU, R LUNA. Numerical Implementation of Temperature and Creep in Mass Concrete[J]. Finite Elements in Anslysis and Design, 2001, 37(1): 97-106.

[22] YUNUS BALLIM. A Numerical Model and Associated Calorimeter for Predicting Temperature Profiles in Mass Concrete[J]. Cement and Concrete Composites, 2004, 26(6): 695-703.

[23] LUCAS JEAN-MICHEL, VIRLOGEUX MICHEL, LOUIS CLAUDE. Temperature in the Box Girder of the Normandy Bridge [J]. Structural Engineering International, 2005, 15 (3): 156-165.

[24] RENAULD M L, LIEN H, WILKENING W W. Probing the elastic-plastic, Time-dependent stress response of Test Fasteners Using Finite Elementanalysis [C]. Structural Integrity of Fasteners: Including the Effects of Environment and Stress Corrosion Cracking, 2007: 61-70.

[25] ENZIL ZREIKI, VINCENT LAMOUR, MOHEND CHAOUCHE, et al. Predication of Residual Stress Due to Early Age Behaviour of Massive Concrete Structures Site Experiments and Macroscopic Modelling. DBMC international Concrete on Durability of Building Materials and Complements ISTANBUL, Turkey, 2008: 11-14.

[26] LAWRENCE A M, TIA M, FERRARO C C, et al. Effect of Early Age Strength on Cracking in Mass Concrete Containing Different Supplementary Cementations Materials: Experimental and Finite-element Investigation [J]. Journal of Materials in Civil Engineering, 2014, 24 (4): 362-372.

[27] 朱伯芳,宋敬廷.混凝土温度场及温度徐变应力的有限元分析//水利水电工程应用电子计算机资料选编.北京：水利电力出版社,1977.

[28] 许发华.葛洲坝工程大体积混凝土的防裂措施及其讨论[J].葛洲坝水电工程学院学报,1979(00):10-28.

[29] 马杰.大体积混凝土温度和温度应力计算边界单元法[D].北京：清华大学,1993.

[30] 曾兼权,李国润,陈希昌,等.用基岩各向异性热学参数分析混凝土基础块的温度徐变应力[J].成都科技大学学报,1994(5):1-6.

[31] 崔亚强.大体积混凝土温度场裂缝控制理论研究与软件系统[D].天津:天津大学,1995.

[32] 刘光廷,卖家暄,张国新.溪柄碾压混凝土薄拱坝的研究[J].水力发电学报,1997(2):19-28.

[33] 王小青,席燕林.巴帕南水闸闸墩整体浇筑温度应力研究[J].华北水利水电学院学报,2001,22(4):12-16.

[34] 李九红,何劲,简政.水电站表孔闸墩施工期温度应力仿真分析[J].水利学报,2002(9):117-122.

[35] 曹为民,吴健,闪黎.水闸闸墩温度场及应力场仿真分析[J].河海大学学报,2002,30(5):48-52.

[36] 陈长华.考虑钢筋作用的水工结构施工期温度场与温度应力分析[D].南京:河海大学,2006.

[37] 严淑敏.大体积混凝土基础底板温度裂缝控制技术[D].杭州:浙江大学,2007.

[38] 秦煜.混凝土连续箱梁桥温度效应分析[D].西安:长安大学,2009.

[39] 赵雯.水工结构大体积混凝土温度应力及裂缝控制研究[D].合肥:合肥工业大学,2010.

[40] 邓旭.大体积混凝土温度及应力控制相关问题研究[D].郑州:郑州大学,2014.

[41] 王博.大体积混凝土承台水化热效应及温控措施研究[D].西安:长安大学,2019.

[42] 朱伯芳.混凝土坝的数字监控[J].水利水电技术,2008,39(2):15-18.

[43] 张国新,刘有吉,刘毅."数字大坝"朝"智能大坝"的转变:高坝温控防裂研究进展[J].中国大坝协会2012学术年会,2012.

[44] 林鹏,李庆斌,周绍武,等.大体积混凝土通水冷却智能温度控制方法与系统[J].水利学报,2013,44(8):950-957.

[45] 杜小凯,孙保平,张国新,等.大体积混凝土防裂动态智能温控系统应用与监测分析[J].水力发电,2015,41(1):46-49.

[46] 李进洲,王远立.沪通长江大桥承台大体积混凝土动态设计养护技术研究[J].铁道标准设计,2016,60(2):93-98.

[47] 李松辉,张国新,刘毅,等.大体积混凝土防裂智能监控技术及工程应用[J].中国水利水电科学研究院学报,2018,16(2):9-15.

[48] 王新刚,杨润来,陈智军.大体积混凝土智能温控系统的研发及应用[J].水运工程,2020(1):118-121,143.

[49] 何熊伟.基础大体积混凝土温度动态监测技术[J].四川建材,2020,46(2):1-3.

[50] 吕桂军,闫国新,袁巧丽.白鹤滩水电站大坝混凝土智能温控系统的设计与应用[J].黄河水利职业技术学院学报,2021,33(1):1-6.

[51] 杜平,刘书贤,谭广柱,等.基于四维温度场理论的大体积混凝土数值分析[J].辽宁工程技术大学学报(自然科学版),2012,31(8):526-530.

[52] 王勖成.有限单元法[M].北京:清华大学出版社,2003.

[53] 朱伯芳.有限单元法原理与应用[M].北京:水利电力出版社,1979.

[54] 王一凡,宁兴东,陈尧隆,等.大体积混凝土温度应力有限元分析[J].水资源与水工程学报,2010,21(1):109-113.

[55] 王辉.大体积混凝土结构温度应力有限元分析[D].西安:西安建筑科技大学,2010.

[56] 陈明宪,彭建新,颜东煌,等.按龄期调整的有效弹性模量法分析混凝土收缩徐变[J].长沙交通学院学报,2004,20(3):16-19.

[57] 高岳权,黄浩良,王佶,等.基于等效模量法与ANSYS计算混凝土徐变[J].武汉理工大学学报,2010,32(3):13-15.

[58] 薛定宇,陈阳泉,高等应用数学的MATLAB求解[M].北京:清华大学出版社,2008.

[59] 薛定宇,陈阳泉,控制数学问题的MATLAB求解[M].北京:清华大学出版社,2009.

[60] 宋叶志,贾东永.MATLAB数值分析与应用[M].北京:机械工业出版社,2009.

[61] 博嘉科技.有限元分析软件:ANSYS融会与贯通[M].北京:中国水利水电出版社,2002.

[62] 唐兴伦,范群波,张朝晖,等.ANSYS工程应用教程:热与电磁学篇[M].北京:中国铁道出版社,2003.

[63] 何本国.ANSYS土木工程应用实例[M].北京:中国水利水电出版社,2011.

[64] 曾攀.基于ANSYS平台有限元分析手册结构的建模与分析[M].北京:机械工业出版社,2011.

[65] 王金龙.ANSYS 12.0土木工程应用实例解析[M].北京:机械工业出版社,2011.

[66] 刘伟,高维成,于广滨.ANSYS 12.0宝典[M].北京:电子工业出版社,2011.

[67] 张朝晖.ANSYS 12.0热分析工程应用[M].北京:中国铁道出版社,2010.

[68] 郭金玉,张忠彬,孙庆云.层次分析法的研究与应用[J].中国安全科学学报,2008,18(5):148-153.

[69] 黄俊,付湘,柯志波.层次分析法在城市防洪工程方案选择中的应用[J].水利与建筑工程学报,2007(1):52-55,75.

[70] 王彦威,邓海利,王永成.层次分析法在水安全评价中的应用[J].黑龙江水利科技,2007(3):117-119.

[71] 张炳江.层次分析法及其应用案例[M].北京:电子工业出版社,2014.

[72] 徐泽水. 关于层次分析中几种标度的模拟评估[J]. 系统工程理论与实践, 2000(7): 58-62.

[73] 王武平. 面向群评价的混合多属性群决策方法研究[D]. 天津: 天津大学, 2008.

[74] 金菊良, 魏一鸣, 丁晶. 基于改进层次分析法的模糊综合评价模型[J]. 水利学报, 2004(3): 65-70.

[75] 段志善, 崔善强. 模糊层次分析法在机械安全评价中的应用[J]. 机械工业标准化与质量, 2007(10): 38-39.

[76] 许伦辉, 吴彩芬, 邝先验, 等. 基于层次分析的交通状态模糊综合评价方法[J]. 广西师范大学学报(自然科学版), 2015(2): 1-8.

[77] 谢季坚, 刘承平. 模糊数学方法及其应用[M]. 2版. 武汉: 华中科技大学出版社, 2000.

[78] 张国立, 张辉, 孔倩. 模糊数学基础及应用[M]. 北京: 化学工业出版社, 2011.

[79] 余翔, 陈国洪, 李霆, 等. 基于孤立森林算法的用电数据异常检测研究[J]. 信息技术, 2018(12): 88-92.

[80] 李倩, 韩斌, 汪旭祥. 基于模糊孤立森林算法的多维数据异常检测方法[J]. 计算机与数字工程, 2020, 48(4): 862-866.

[81] 肖伟洋. 基于孤立森林算法的空气质量数据异常检测分析[J]. 信息与电脑, 2019, 31(17): 38-40.

[82] 李新鹏, 高欣, 阎博, 等. 基于孤立森林算法的电力调度流数据异常检测方法[J]. 电网技术, 2019, 43(4): 1447-1456.

[83] ZHANG NING, TATEMURA JUNICHI, PATEL JIGNESH M, et al. Towards Cost-effective Storage Provisioning for DBMSs[J]. VLDB Endow, 2011: 274-285.

[84] 周芳检. 大数据时代城市公共危机跨部门协同治理研究[D]. 湘潭: 湘潭大学, 2018.

[85] 蒋云钟, 冶运涛, 赵红莉, 等. 水利大数据研究现状与展望[J]. 水力发电学报, 2020(10): 1-32.

[86] 许翔. 基于大数据分析的悬索桥状态评估及动态预警方法研究[D]. 南京: 东南大学, 2019.

[87] 查如琴. 简谈几种"箱线图绘制"的描述[J]. 读与写(教育教学刊), 2012(7): 54, 63.

[88] 董雅雯, 佘济云, 陈冬洋, 等. 基于箱线图的海南省东方市生态景观格局稳定性研究[J]. 中南林业科技大学学报, 2016, 36(8): 104-108, 120.

[89] 李坤颖, 杨扬, 侯凌霞. 应急物流配送优化的改进最邻近算法研究[J]. 交通信息与安全, 2011, 29(3): 40-42, 46.

[90] 陈金丽. 面向对象的最邻近算法研究与实现[D]. 北京: 中国地质大学(北京), 2009.

[91] 刘方舟,周游,陶建华.用CART模型指导TBL算法预测语调短语[J].清华大学学报(自然科学版),2011,51(9):1226-1229.

[92] 王超,戚鹏程,冯兆东.基于CART模型陇西黄土高原潜在NDVI模拟[J].兰州大学学报(自然科学版),2009,45(5):17-22,27.

[93] 曹桃云.基于CART模型的不纯度函数在不同数据类型中的分类[J].统计与决策,2018,34(10):77-79.

[94] 吉中会,李宁,吴吉东,等.区域洪涝灾害损失评估及预测的CART模型研究:以湖南省为例[J].地域研究与开发,2012,31(6):106-109,164.